自衛隊海外派遣
隠された「戦地」の現実

布施祐仁
Fuse Yujin

a pilot of wisdom

自衛隊員の服務の宣誓
（自衛隊法施行規則第39条より）

宣　誓

私は、我が国の平和と独立を守る自衛隊の使命を自覚し、日本国憲法及び法令を遵守し、一致団結、厳正な規律を保持し、常に徳操を養い、人格を尊重し、心身を鍛え、技能を磨き、政治的活動に関与せず、強い責任感をもつて専心職務の遂行に当たり、事に臨んでは危険を顧みず、身をもつて責務の完遂に務め、もつて国民の負託にこたえることを誓います。

はじめに

二〇〇五年六月二三日午前九時過ぎ、イラク南部サマーワの陸上自衛隊宿営地に物々しく一斉放送が鳴り響いた。

「QRF集合！　これは訓練ではない！」

QRFとはQuick Reaction Forceの略で、日本語にすると「緊急即応部隊」。緊急事態に対処するために設けられた特別な部隊である。武器の扱いに慣れた普通科（歩兵）の隊員を中心に、救急救命を行う医官や救命士、さらには車両整備や法務を専門とする隊員も加えた総勢二四人の編成だった。

この約二〇分前、サマーワ郊外の村で行われる道路の竣工式に参列する隊員たちが、四台の車両に分乗して宿営地を出たところだった。自衛隊の車列がサマーワ市街地にさしかかった時、突然、大きな爆発音とともに土煙が上がった。IED（道路に仕掛けられた遠隔操作式の爆弾）による攻撃だった。

幸いにも人的被害はなかったが、爆発の衝撃で車両のドアノブが変形し、フロントガラスにもヒビが入った。現場から緊急事態発生の通報を受けた群長（鈴木純治・第六次イラク復興支援群長）は、ただちにＱＲＦに呼集をかけた。

復興支援群の警備中隊に配属されていた山崎和幸（仮名）はこの日、ＱＲＦのメンバーに指定されていた。ＱＲＦ集合を呼びかける緊急放送を耳にし、すぐに銃を持って集合場所に駆け付け、軽装甲機動車に乗り込んだ。

出動命令を待つ間、山崎は死を覚悟したという。ＩＥＤ攻撃でまず敵の車両に被害を与え、救援部隊が駆け付けたところで第二波の攻撃を行うのが、現地武装勢力がよくとる戦術だったからだ。山崎はこの時の心境を次のように振り返る。

「正直、俺はここで死ぬのかも、と思いました。でも、訓練のおかげか、意外に冷静でした。慌てたりすることはなかったですね」

だが、こうも明かしてくれた。

「冷静だったんですが、ふと親の顔を思い浮かべてしまったんですよね。あ、遺書を書いてこなかったな、と。そしたら急に涙が溢《あふ》れてきて……。サングラスをしていたので、周りの隊員たちに気付かれないようにそっと拭きました」

この事件のことは日本でも報道されていたので、私も情報としては知っていた。しかし、現場の隊員がこんな思いをしていたとは想像もしていなかった。目の前にいる一人の人間が、海外派遣の現場で死を覚悟し、親の顔を思い浮かべて涙を流していたという事実に衝撃を受けた。

イラクで起きたさまざまな事件は、事件として報道されることはあっても、そこにいた隊員の心の内まで伝えられることはまずなかった。私は、山崎が話してくれたようなことは、すべての日本人が知る必要があると思った。

PKO法制定から三〇年

国連の平和維持活動（PKO）に自衛隊を派遣するための法律、「国際平和協力法（PKO法）」が制定されてから二〇二二年でちょうど三〇年になる。

一九九二年六月一五日夜、PKO法は一九三時間に及ぶ審議の末に成立した。その二日前、法案に反対する日本社会党の村山富市・国会対策委員長は衆議院の本会議で次のように訴えた。

「今日、法案をめぐって、まさに世論は二分されています。自衛隊の海外派兵に反対する国民世論は日を追うて高まりつつあります。現に、国会の周辺には連日連夜、自衛隊の海外派兵に反対する声がこだましています」

実際、世論は二分されていた。法案成立直後に読売新聞が行った世論調査では、「評価する」が四四％、「評価しない」が四七％であった。

それから三〇年が経《た》ち、世論状況は大きく変化した。

内閣府が二〇一七年度に実施した「自衛隊・防衛問題に関する世論調査」では、約八七％が自衛隊の海外派遣を「評価する」と回答している。今後についても、「これまで以上に積極的に取り組むべきである」が約二一％、「現状の取り組みを維持すべきである」が約六七％と派遣を支持する世論が大多数となっている。

ＰＫＯ法の制定以来、これまでに一五のミッションに自衛隊が派遣され、参加した隊員はのべ約一万二五〇〇人に上る。

実績を積み重ねるにつれて、自衛隊の海外派遣に対する国民の忌避感も弱まっていったように思う。ＰＫＯ法が制定された当初は、自衛隊の海外派遣をかつての日本軍の海外侵略と重ね合わせ、日本の軍国主義復活に道を開くものと批判する声もあったが、しばらくすると、このような論調はほとんど聞かれなくなった。

こうした世論の変化は、日本政府が自衛隊の海外派遣を検討する際のハードルを大きく下げた。二〇〇〇年代に入ると、特措法を制定してインド洋に海上自衛隊、イラクに陸上自衛隊と航空自衛隊の部隊を派遣するなど、国連が統括するＰＫＯだけでなく米軍の作戦の後方支援にも活動の範囲を広げた。そして、二〇〇六年には自衛隊法が改正され、それまで余力の範囲で行う「付随的任務」の位置付けだった海外派遣が、日本防衛と並ぶ「本来任務」に格上げされた。*

＊本来任務のうち、日本防衛が「主たる任務」、公共の秩序の維持、重要影響事態に対応して行う活動及び国際平和協力活動が「従たる任務」と定められている（自衛隊法第三条）。

三〇年の時を経て、今や完全に定着したと言える自衛隊の海外派遣だが、その実態が正確に知られているとは言い難い。

なぜなら、日本政府が派遣先の治安状況やそこで活動する自衛官のリスクを正確に説明することを避けてきたからだ。その結果、国民の多くが自衛隊の海外派遣に抱くイメージと現実の姿との間には大きなギャップが生じている。

この三〇年間、自衛隊海外派遣の現場で何が起きていたのか——政府が説明してこなかった知られざる事実を明らかにし、大きく広がってしまったイメージと現実のギャップを埋めたい——これが、私が本書を書いた一番の理由である。

隠されてきた四万三〇〇〇件の記録

先ほど「日本政府が派遣先の治安状況やそこで活動する自衛官のリスクを正確に説明することを避けてきた」と書いたが、それを象徴したのが、二〇一六年から二〇一七年にかけて防衛省で起きた「南スーダンPKO日報隠蔽事件」である。私は期せずして、この事件の「当事者」となった。

二〇一六年七月初旬、陸上自衛隊のPKO派遣部隊が活動する南スーダンの首都ジュバで、政府軍と反政府勢力の大規模な戦闘が発生した。自衛隊の宿営地の近傍が戦闘現場となり、宿営地内にも流れ弾が多数、飛来・着弾した。政府軍の戦車も出動する激しい戦闘だったにもかかわらず、防衛大臣は記者会見で「散発的な発砲事案」と発表した。そして、日本政府は「戦闘行為」や「武力紛争」の発生を否定し、活動の継続を早々に決定した。

これに違和感を抱いた筆者が、情報公開法に基づいて派遣部隊が作成した「日報」を開示請求すると、防衛省は「既に廃棄した」という理由で不開示処分を下した。しかし、その後、日報は廃棄されずに保管されていたことが明らかになり、隠蔽に関与した関係者が懲戒処分を受けるとともに、防衛大臣と防衛事務次官、陸上幕僚長が引責辞任するという大スキャンダルに発展する。

派遣部隊は日報に、「激しい銃撃戦」と記していた。その報告を受けていながら、防衛大臣は戦闘の発生を否定し、散発的な発砲事案などという言葉で矮小化《わいしょう》していたのである。さらに、防衛省はその日報を、「既に廃棄した」と偽って隠蔽していたのである。

派遣部隊は当然、現地の状況をありのままに報告する。そうしなければ、日本政府が的確な判断を下せないからだ。しかし、日本政府は現地の状況が危険になった時、それをありのままに国民に説明することを避けてきた。この姿勢を象徴したのが、南スーダンPKO日報隠蔽事件であった。

実は、隠蔽されたのは南スーダンPKOの日報だけではなかった。南スーダンPKO以前の海外派遣の日報も、行政文書として扱われず、開示請求しても「不存在」を理由に不開示とされてきたのである。

南スーダンの一件を受けて防衛省は、過去の海外派遣の日報などの定時報告文書をすべて行政文書として扱い、情報公開の対象とすると決めた。そして、二〇一八年四月、過去の二一の海外派遣ミッションの定時報告文書のべ約四万三〇〇〇件の存在が確認されたと発表した。

これには、防衛大臣が国会で「残っていない」と答弁していた陸上自衛隊イラク派遣の日報も含まれる。

私は二〇〇九年に、防衛省に対して「陸上自衛隊のイラク派遣でサマーワの現地部隊から陸上幕僚監部あるいは防衛省に送られた報告書すべて」を開示請求していた。日報もこれに当然含まれるが、開示されることはなかった。実際には存在しているのに、存在していないこととされたのである。

もしこの時存在が確認された約四万三〇〇〇件もの文書が当時から情報公開の対象として扱われていれば、自衛隊の海外派遣に関する政策決定プロセスは、より国民の意思が反映されたものになっていたはずだ。

私は、「自衛隊は絶対に海外派遣すべきではない」という考えではない。日本も国際社会の一員として世界の平和に貢献する責任が当然あるし、自衛隊にふさわしい役割があるならば積極的にその役割を果たすべきだと思う。

しかし、実力部隊を他国に出す以上、適切に情報公開がなされた上での国民の合意形成と「監視の目」がしっかりと働いていることが大前提だ。この大前提が極めて不十分であったことが、これまでの自衛隊海外派遣の最大の問題であった。

三〇年の総検証と国民的議論を

だが、今からでも遅くない。

自衛隊が海外に派遣されるようになってから三〇年になるが、幸運にも、これまで一発の銃弾も撃たず、一人の犠牲者も出さずにやってこれた。しかし、この幸運がいつまでも続く保証はない。

結果的に、これまで一人の犠牲者も出さなかったことは特筆すべきことだが、現場の隊員たちは国民の知らないところで、「死」を覚悟しなければならないような場面に直面していたのである。

主権者である国民が自衛隊海外派遣の真のリスクについて知らないまま、最初の犠牲者が出ることは絶対に避けなければならない。そうなる前に、ここで一度立ち止まり、これまでの海外派遣について総検証し、海外派遣のあり方について国民的な議論をする必要があるのではないだろうか。

そのためにも、まずは、これまで政府が公にしてこなかった多くの事実について共有することから始めたい。

私は二〇〇九年から、情報公開制度を活用して自衛隊の海外派遣に関する内部文書を入手し、それをもとにその実態を検証することに力を注いできた。前述の南スーダンＰＫＯ日報隠蔽事件も、この過程で起こったものである。

この一〇年余に入手した文書は約三五〇〇ファイルに上り、枚数にすると八万枚を超える。開示請求してから文書が開示されるまでに数年掛かることも珍しくないので、情報公開制度を活用した調査報道はすぐに成果を出すことが難しい。しかし、一〇年以上の時間をかけたことで、それなりの検証ができるだけの資料が集まった。

この膨大な資料群を使って、この三〇年の自衛隊海外派遣の「総検証」を試みたのが、本書である。ところどころで、実際に派遣された自衛隊員（元隊員も含む）に取材して得た証言も紹介し、資料を補っている。

これまで、陸、海、空の自衛隊が海外派遣を行ってきたが、最もリスクの高い活動をしてきたのは、やはり陸上自衛隊である。本書では、陸上自衛隊の海外派遣のうち、派遣先の治安が特に不安定だった六つのミッションについて検証した。四つは国連が実施するPKO（カンボジア、東ティモール、ゴラン高原、南スーダン）、一つは日本が単独で行った人道的な国際救援活動（ザイールでのルワンダ難民救援）、一つはアメリカが主導する多国籍軍に加わっての人道復興支援活動（イラク）である。

そして、最後の章では、これまでの海外派遣の問題点を整理し、今後の海外派遣のあり方を私なりに考察してみた。国民的議論の一つの「たたき台」になればうれしい。

何よりも、これまで隠されてきた自衛隊海外派遣の現場の実態を多くの人に知ってもらいたい——これが私の一番の願いである。そして、命のリスクを負いながら活動した一万人を超える隊員たちのことを少しでも想像し、自分にできることを考えていただけたら著者として望外の喜びである。

目次

次の照準は南スーダンＰＫＯ
日報隠蔽事件から海外派遣の総検証へ
自衛隊海外派遣の歴史
自衛隊海外派遣の内部記録

第一章　南スーダンＰＫＯ

「散発的な発砲事案」
組織的に隠蔽された日報
日報に記された「激しい銃撃戦」
宿営地隣接のビルが最前線に
南スーダン政府軍の攻撃
豪軍文書には「交戦」も
新任務付与の論拠崩れる
改竄された家族説明会資料
もう一つの「ジュバ・クライシス」

第二章 イラク派遣

第四章　東ティモールＰＫＯ／ルワンダ難民救援／ゴラン高原ＰＫＯ――――207

防衛省統合幕僚学校国際
平和協力センター「国際平
和協力活動の変遷と実績」
（2019）を参考に作成
（図版デザイン：MOTHER）

自衛隊の主な海外派遣先一覧

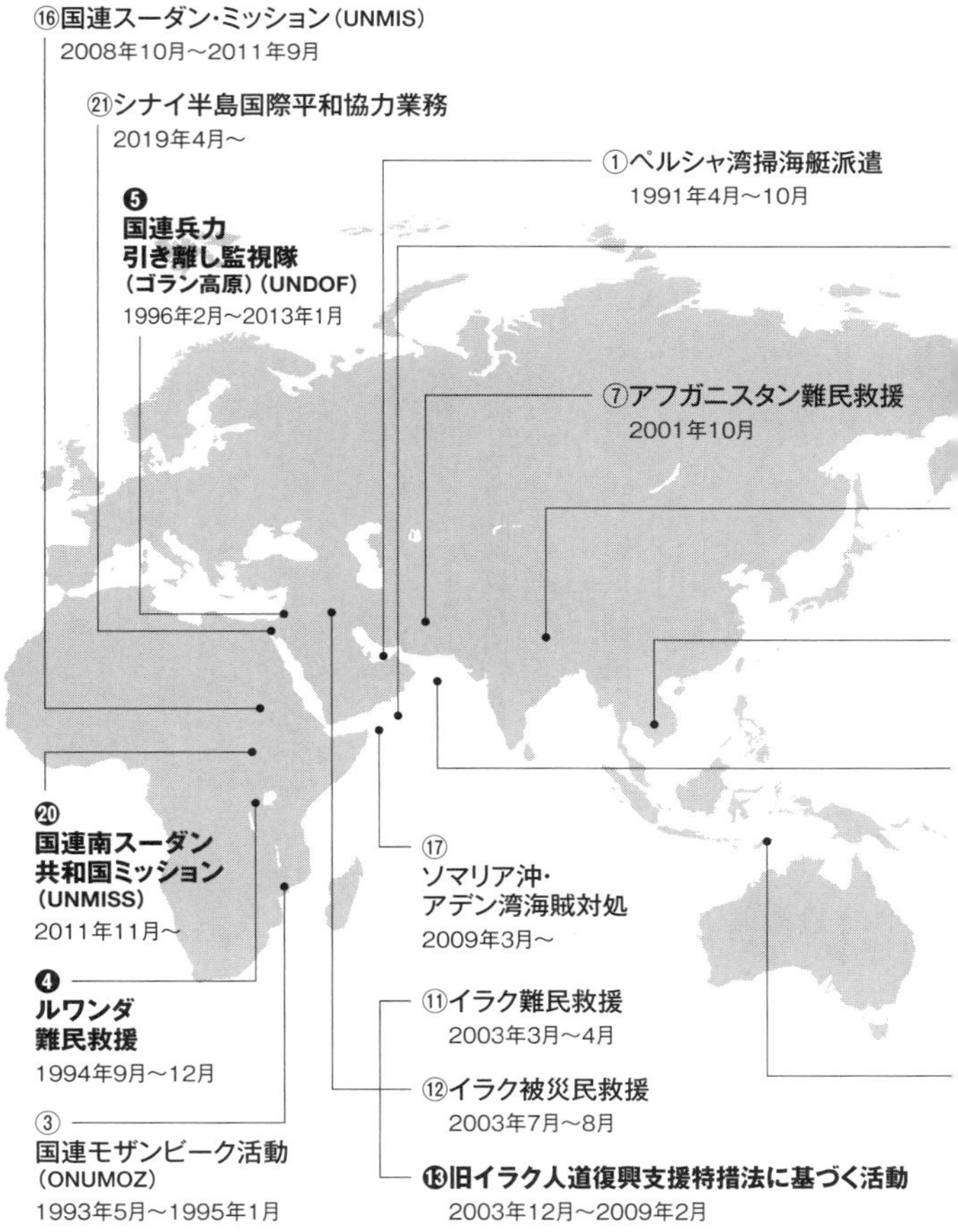

注：国際緊急援助活動や邦人輸送・保護のための活動は除く
黒丸数字は本書で取り上げたミッション

本文中の肩書きや組織名等、及び年齢は、基本的に取材当時のものです。
敬称は略している場合もあります。
また、本文中の防衛省内部資料等からの引用部分については、
明らかに誤字と思われる箇所は著者の判断で適宜修正を入れております。

序章　なぜ海外派遣の検証を始めたのか

きっかけはイラク派遣

きっかけは、陸上自衛隊のイラク派遣だった。

日本政府は二〇〇六年七月、イラクの復興支援のために二〇〇四年一月からサマーワに派遣していた陸上自衛隊の部隊を撤収させた。

治安が不安定な中でも一人の犠牲者も出さなかった陸上自衛隊のイラク派遣は「成功」と評価され、日本政府は、この実績をアピールして海外派遣のさらなる拡大に乗り出そうとしていた。

九月に就任した安倍晋三《しんぞう》首相は、イラク派遣を「歴史に残る偉業」と称《たた》え、自衛隊の海外での任務を拡大する海外派遣新法の検討を進めると表明した（二〇〇六年九月二九日、所信表明演説）。

一二月には自衛隊法が改正され、それまで自衛隊にとって「付随的任務」の位置付けだった海外派遣が、「本来任務」に格上げされた。

翌二〇〇七年一月、安倍はベルギー・ブリュッセルの北大西洋条約機構（NATO）本部を訪れ、同機構の最高決定機関である理事会で日本の首相として初めて演説した。

安倍は「今や日本人は国際的な平和と安定のためであれば、自衛隊が海外での活動を行うことをためらわない」と語り、ここでも自衛隊の海外派遣を積極的に進める姿勢を鮮明にした。そして、この直後、米軍・NATO軍が「対テロ戦争」を行うアフガニスタンに陸上自衛隊を派遣する構想が急浮上する。

私は、このスピードについていけなかった。

正直に言って、イラク派遣をどう受け止めたらいいのかもわからなかった。確かに、陸上自衛隊が一発も撃たず、一人の犠牲者も出さずに活動を終えることができたのは喜ばしいことであったが、それだけをもってイラク派遣を「成功」としてしまっていいのかという思いが、どうしてもぬぐえなかった。さらなる任務の拡大や次の派遣に進む前に、まずはイラク派遣をきちんと検証するべきではないかと思ったのだ。

戦争と占領の正当性に疑問

イラク戦争は、二〇〇三年三月二〇日に始まった。アメリカは「イラクの大量破壊兵器の脅威から世界の人々を守り、イラク国民をサダム・フセインの圧政から解放する」と宣言し、イラクに対する武力行使を開始した。

国連憲章は、各国による武力行使を原則として禁止している。例外は、外部から武力攻撃を受けて自衛権を行使する場合と、国連安全保障理事会が武力行使を容認した場合だけである。当時、安保理では、武力行使は時期尚早で、国連と国際原子力機関（IAEA）がイラクに対して行っていた大量破壊兵器の査察を継続すべきという意見が多数であった。ロシアや中国だけでなく、アメリカの同盟国であるフランスやドイツまで武力行使には反対していた。安保理で武力行使容認の決議をとるのは困難だと判断したアメリカは、イギリスやオーストラリアなどの同盟国と「有志連合」を組み、イラクへの武力行使に踏み切った。

武力行使開始の約一時間後、日本では小泉純一郎首相が記者会見を開き、「アメリカの武力行使開始を理解し、支持する」と表明した。

戦争が始まると、イラクのサダム・フセイン大統領は姿をくらまし、米軍は開戦から約三週間で首都バグダッドに進軍する。五月一日には、ジョージ・W・ブッシュ大統領が主要な戦闘の終結を宣言。以後、米軍を中心とした多国籍軍の占領下で、イラクの新しい国家建設がスタートする。

小泉首相は開戦二カ月後の五月下旬、テキサス州クロフォードにあるブッシュ大統領の私邸を訪問し、イラクの復興支援のための自衛隊派遣を約束する。帰国後、小泉政権は自衛隊をイラクに派遣するための特措法を国会に提出、七月に成立させる。

私はこの時、イラクへの自衛隊派遣に簡単には賛成できなかった。

一二年前(一九九一年)、日本政府が初めて海上自衛隊の掃海部隊をペルシャ湾に派遣した時、当時中学三年生だった私はこの派遣に賛成だった。

湾岸戦争が始まった時も、なぜ日本は多国籍軍に自衛隊を送らないのかと思っていた。それは、クウェートに侵攻したイラクに対する多国籍軍の武力行使が正当なものに見えたからだ。あの時は、国連安保理の武力行使容認の決議もあった。

しかし、今度はそれとは事情が違っていた。戦争自体の正当性に大きな疑義があった。国連安保理の武力行使容認決議がなかったばかりか、アメリカが開戦の理由とした大量破壊兵器も見つかっていなかった。戦争に正当性がなかったら、その後の占領にも正当性がないことになる。

小泉首相は自衛隊を派遣する理由として、イラクの復興支援とともに、占領に苦慮する同盟国アメリカへの協力を明言していた。私は、自衛隊を派遣することによって、不当な占領に協力して良いのだろうかと思ったのだ。

ブッシュ大統領の「戦闘終結宣言」後も、イラクでは多国籍軍に対する攻撃が相次ぎ、治安は一向に安定しなかった。中東を管轄する米中央軍司令官は、旧政権の残党などがイラク全土でゲリラ戦を展開しているとして、「強度は低いが、これは戦争だ」と発言していた。そのような中に武装した自衛隊を送れば、かえって火に油を注ぐことになるのではないかと思った。

このような状況にもかかわらず、小泉首相が国会で、「(イラクは)戦争が継続している状況ではないと認識している」(二〇〇四年一月二七日、衆議院本会議)と答弁しているのにも違和感を持った。

一方で、イラクへの人道復興支援が不要だとも思えなかった。これらの疑問の答えを探るために、私はイラクに向かった。

二度のイラク取材

最初にイラクを訪れたのは、陸上自衛隊がサマーワに派遣される直前の二〇〇三年の年末だった。隣国ヨルダンの首都アンマンまで飛び、国境を越える長距離バスで陸路イラクの首都バグダッドに入った。

バグダッド市内では「比較的安全」だと言われていた、米軍管理区域に近いエリアに投宿した翌朝のことだった。朝食を買うためホテルの近くの商店街を歩いていると突然、「ドン！」というものすごい音とともに地面が揺れた。米軍を狙ったＩＥＤによる攻撃だった。

IEDによる攻撃が発生した現場に立つ若い米兵＝2003年12月、イラク・バグダッドで（筆者撮影）

爆発地点は、私が歩いていた場所から一〇〇メートルも離れていなかった。路上にイラク人の男性が一人、血だらけになって倒れていた。即死だった。すぐ傍《そば》には、フロントガラスが大破した米軍のジープ。その周りには、自動小銃や機関銃を手にした若い米兵が数人、おびえたような表情で立っている。「イラクに安全な場所はない」ということを実感させられる事件だった。

空爆もあった。夜、ホテルの上空を米軍の戦闘機やヘリが激しく行き交う。バグダッド郊外の農場に潜伏する武装勢力を掃討するために、米軍がその地域を封鎖して空爆を行っているという。バグダッドはまさに、米軍と武装勢力のゲリラ戦が繰り広げられる「戦闘地域」であった。

一方、陸上自衛隊の派遣先に決まったサマーワは、バグダッドとは違い米軍の姿はなく、どこかのんびりとした空気が漂っていた。

サマーワは砂漠に囲まれた小さな地方都市で、中心部を北から南にユーフラテス川が流れている。たまに見かけるナツメヤシの木を除けば、土色一色の街であった。

当時、日本政府は「サマーワの治安は比較的安定している」と説明していた。実際に地元の人々に話を聞いても、「ここは大丈夫。治安は心配ない」という声が多かった。外を歩いていると、あちこちから「ヤバニー（日本人）ウェルカム！」と声が掛かる。自衛隊が来ることで、インフラ整備や復興が進むと期待している人が多数だった。

しかし、陸上自衛隊派遣に複雑な感情を抱く人もいた。

日本では報じられていなかったが、実は、サマーワも二〇〇三年四月に米軍の空爆を受けていたのだ。

空爆の被害に遭ったという男性が、「自宅」に案内してくれた。空爆から八カ月以上が経過するのに、そこは瓦礫《がれき》のままであった。この瓦礫の下で、三歳年下の弟が亡くなったという。

「ここには軍事施設もないし政治的な意味を持つ場所もない。ただの普通の市民の住宅地だ。これは明らかに戦争犯罪だ」——男性は目を赤くしながら、そう語った。米軍からは何の謝罪も補償もないという。陸上自衛隊派遣について尋ねると、「アメリカの占領を支援することになる軍隊の派遣は、どこの国だろうと反対だ。軍隊を送ったら占領軍の一部と見なされ殺されても仕方がない。私は日本人が好きだ。日本人が殺されるのは見たくない」と答えた。

米軍の空爆で破壊された自宅跡に立つ男性＝2003年12月、イラク・サマーワで（筆者撮影）

他にも空爆の被害を受けた人の話を聞くことができたが、中には、米軍への復讐《ふくしゅう》を語る人もいた。空爆の被害者から、陸上自衛隊派遣への好意的な反応を聞くことはなかった。陸上自衛隊が米軍と同じ「占領軍」と見なされた時、米軍への怒りが陸上自衛隊にも向かう危険性があると感じた。

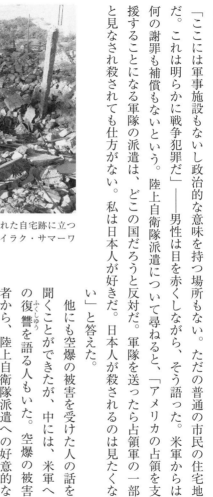

私は、陸上自衛隊のサマーワでの活動を取材するため、半年後に再びイラクを訪れることを決めた。

だが、二〇〇四年四月、人道支援や取材のためにイラクを訪れた三人の日本人が武装勢力に拉致、拘束される事件が発生する。犯行グループは、人質解放の条件として、日本政府に陸上自衛隊の撤退を要求した。

当時、サマーワには陸上自衛隊の活動を取材するために日本のマスコミが多く滞在していたが、この事件を機に、一斉に日本に帰国してしまう。五月には、サマーワで取材を続けようとしたフリージャーナリストの橋田信介氏と小川功太郎氏が、サマーワからバグダッドに移動する途中で武装勢力の銃撃に遭い殺害されてしまう。

私は、陸上自衛隊の活動を現地で取材する日本のメディアがなくなってしまうのはまずいと思い、二〇〇四年八月に再びイラクを訪れた。ところが、バグダッドに到着すると、通訳兼ドライバーとしてサマーワへの同行を頼んでいたイラク人から、「危険だから今回はサマーワに行くのは見送った方がいい」との忠告を受けた。私は、他の複数のイラク人の意見も聞いた上で、サマーワ行きを断念した。

この時の判断は今でも正しかったと思っているが、陸上自衛隊の活動を現地で取材できなかったことについては、「悔い」が残ったのも事実である。こうした思いもあり、陸上自衛隊のイラク派遣については、きちんと検証しておきたかったのである。

防衛省の信じられない「ミス」

しかし、個人で検証すると言っても、まったく手掛かりがなかった。

何せ情報がないのである。日本政府や防衛省・自衛隊が発信元となった情報は「うまくいった話」ばかりで、これでは検証しようがない。イラク派遣に関わった防衛省・自衛隊の関係者にあたろうにも、私のように記者クラブに所属していないジャーナリストは防衛省や自衛隊駐屯地の敷地に立ち入ることすら困難で、接触する機会は皆無に近かった。

転機は二〇〇九年に訪れた。別テーマの取材で初めて情報公開制度を使い、それまで表に出ていなかった重要な情報を入手することに成功したのである（詳しくは、拙著『日米密約　裁かれない米兵犯罪』岩波書店、二〇一〇年）。

「この制度は使える」と思った私は、今度は陸上自衛隊のイラク派遣に関する文書を防衛省に開示請求してみることにした。

しかし、やり始めてみると、すぐに心が折れそうになった。なぜなら、何カ月も待たさ

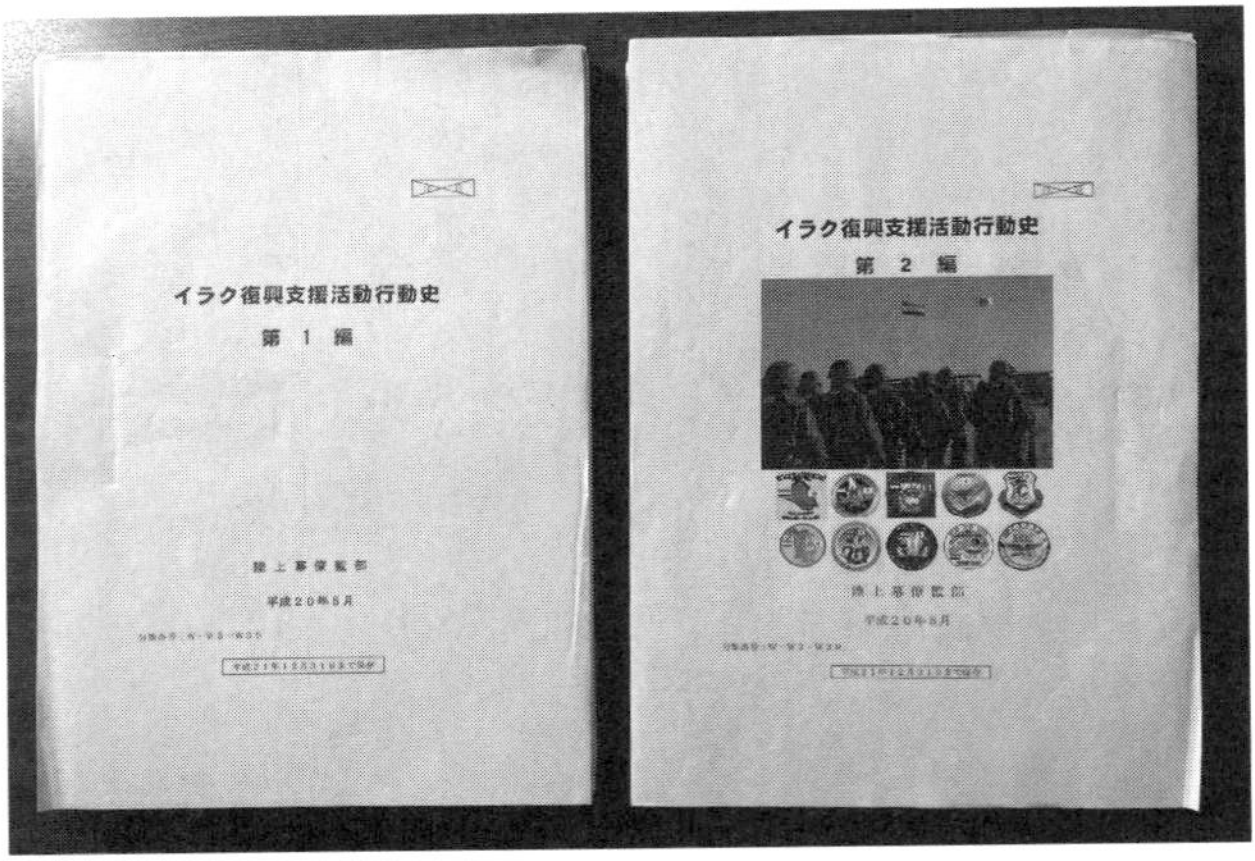

「イラク復興支援活動行動史」

れた挙げ句、数千円という高い手数料（用紙一枚カラーで二〇円）を支払ってようやく文書が開示されても、肝心な部分はほとんど真っ黒に塗りつぶされている場合が多かったからである。

やればやるほど徒労感ばかりが募ったが、最初の「成功経験」があったため、しぶとく開示請求を続けていた。すると、信じられないことが起こったのである。

それは、二〇一五年五月初めのことだった。

私のもとに、防衛省から一通の「開示決定通知書」が届いた。請求していたのは、陸上自衛隊の「イラク復興支援活動行動史（以後、イラク行動史）」という文書だった。

通知書には、不開示（黒塗り）箇所とその理由が記された別紙が八枚も添付されていた。それを見た瞬間、これまでの経験から、肝心なところはほとんど黒塗りになって出てくると確信した。

数週間後、防衛省から文書のデータをコピーしたCD－Rが郵送されてきた。「どうせ真っ黒だろう」と期待せずにパソコンで文書を開くと、何と黒塗りが一つもなかったのである。

防衛省のミスだった。信じられないことに、誤って黒塗りする前の文書のデータを送ってきたのである。

「イラク行動史」は、陸上幕僚監部が二〇〇八年五月に作成した文書で、イラク派遣の準備段階から撤収までの施策や活動成果、教訓などを総まとめにしたものである。二分冊で、計四二三ページのボリュームだ。

うまくいったことばかりではなく、うまくいかなかったことや、今後はこういう点を改善した方が良いという「提言」まで細かく書かれており、検証する上で有用な情報が詰まっていた。何よりも、いつもの黒塗りばかりの文書にはない「生々しさ」があった。

私は、この文書をもとに陸上自衛隊イラク派遣について検証する記事を月刊誌に寄稿した（「イラク〝戦地〟派遣が鳴らす警鐘　自衛隊内部文書『行動史』をみる」「世界」二〇一五年八月号）。

月刊誌が発売になると、防衛省から「誤って墨塗りをする前のものを交付してしまった」と連絡があり、改めて黒塗りされた文書の交付を受けた。それを読むと、やはり肝心な部分はほとんどが黒塗りされており、オリジナルの文書を読んだ時に感じた生々しさはまったく感じられなかった。

同時に、どう考えても不開示にする必要がないと思われる情報まで幅広く黒塗りされている実態もわかった。

全文開示をめぐり国会も紛糾

当時、国会では、自衛隊の国外での任務を大幅に拡大する「平和安全法制（以後、新安保法制）」の審議が衆議院でヤマ場を迎えていた。

自衛隊法やＰＫＯ法など一〇の法律の改正案と、イラク派遣のような多国籍軍への派遣を随時可能とする新法「国際平和支援法」が一括して審議されていた。私が月刊誌に書いた記事も、イラク派遣の実態に引き付けて、これらの法案の問題点を論じたものだった。

記事は注目を集め、野党の国会議員がさっそく国会質問で取り上げてくれた。

野党議員は質問するにあたって防衛省に「イラク行動史」の提出を求めたが、提出されたのは大部分が黒塗りされたものだった。野党は、新安保法制を審議するためには過去の海外派遣の検証が不可欠だとして、「イラク行動史」の全面開示を政府に要求した。

私は、月刊誌に記事は書いたものの、「イラク行動史」には本当に秘匿すべき情報も含まれている可能性も考えられたことから、文書そのものを公表することは控えていた。

野党の全面開示要求に対し、中谷元《げん》防衛大臣は「適切に情報を公開して、しっかりとした議論を行うことが重要だと考えており、これまで不開示としていた部分の公表についても検討を始めている」(二〇一五年七月一〇日、衆議院平和安全法制特別委員会)と答えたが、私は全面開示まではさすがにしないだろうと思っていた。

結局、全面開示は行われないまま、衆議院の特別委員会は七月一五日に審議を打ち切り、採決を強行した。

この日の委員会は紛糾した。民主党の辻元《つじもと》清美議員は「この黒塗りの、イラクでの活動の中身が出ないと、どういう点がイラクで問題があったのかということで、全く実質的な審議ができないいじゃないかと。中谷大臣は、検討しますと言っていますね。これを出していただかないと採決なんか、審議なんか進んでいないわけですから、できないと思います」と述べ、「イラク行動史」が全面開示されない限り質問を続けることはできないと迫った。

だが、浜田靖一《やすかず》委員長（自民党）はこの要求を退け、質問続行を指示。最後に質問に立った共産党の赤嶺政賢《あかみねせいけん》議員も、「資料もこれからで、審議は尽くされていない」として審議継続を求める緊急動議を提出したが、与党議員らの反対で否決され、そのまま採決となった。怒号が飛び交う中で法案は可決された。

私が、さすがに全面開示はされないだろうと思っていた「イラク行動史」であったが、防衛省は法案が衆議院の特別委員会で可決された直後、その日のうちに黒塗りをすべて外したものを野党に提出した。

次の照準は南スーダンPKO

「イラク行動史」が全面開示されたことは、二つの点で非常に大きな意義があった。

一つは、陸上自衛隊イラク派遣の詳細が明らかになったことで、さまざまな角度からの検証が可能になったことである。

もう一つは、行動史の全面開示という「前例」ができたことである。

端緒は防衛省の開示ミスだったとしても、最終的に防衛大臣が国会で「適切に情報を公開して、しっかりとした議論を行うことが重要」と述べて正式に全面開示に踏み切ったのだ。これが前例となり、自衛隊海外派遣に関する情報公開が進むことに期待した。

私は、イラク派遣以外の過去の海外派遣で作成された行動史も開示請求することにした。まずは、派遣先の治安が不安定だったカンボジアPKO（一九九二〜九三年）、ルワンダ難民救援活動（一九九四年）、東ティモールPKO（二〇〇二〜〇四年）、そして、治安悪化を理由に撤収したゴラン高原（シリア・イスラエル）PKO（一九九六〜二〇一三年）の行動史を開示請求した。

同時に、二〇一一年に開始され、当時「現在進行形」の海外派遣であった南スーダンPKOについても、調査を開始した。

新安保法制は二〇一五年九月に成立したが、それが最初に適用されるのは南スーダンPKOになる可能性が高かった。

新安保法制では、PKO法が改正され、それまでは認められていなかった「駆け付け警護」や「宿営地の共同防護」などの新任務が実施できるようになった。これらは、いずれも武器を用いて行う活動であり、隊員のリスクが高まるのは明らかであった。

そもそも南スーダンＰＫＯの現場はどんな状況なのか。そして、どんなリスクが考えられるのか――その検証なくして、新任務を付与することはあってはならない。私は、政府が新任務の付与を決定する前に、南スーダンＰＫＯの実態を少しでも明らかにしたいと思った。この取材の過程で起きたのが、「はじめに」で述べた南スーダンＰＫＯ日報隠蔽事件であった。

日報隠蔽事件から海外派遣の総検証へ

これまで述べてきたように、私の検証作業は陸上自衛隊のイラク派遣から始まり、次に南スーダンＰＫＯに進んだ。そして、南スーダンＰＫＯの日報隠蔽疑惑が浮上すると、日本政府は急遽、南スーダンからの自衛隊撤収を決定した。

日報隠蔽事件は政局も絡んでスキャンダラスに取り上げられたが、根底には自衛隊の海外派遣が抱える構造的な問題があると私は見ていた。事件そのものは、隠蔽に関与した関係者が処分され、防衛大臣と事務次官、陸上幕僚長が引責辞任したことで幕引きとなった。

しかし、根底にある構造的な問題が解消されない限り、同じようなことは今後も形を変えて繰り返される可能性が高いと思った。

事件の幕引きとともにマスコミの報道も潮が引くようになくなったが、私は「これからが本番」だと考えていた。私が一番やりたかったのは、防衛省・自衛隊のスキャンダルの追及ではなく、自衛隊海外派遣の検証だったからである。

私は、次の目標を、自衛隊海外派遣の総検証に定めた。これに先駆けて防衛省に開示請求していた過去の海外派遣ミッションの「行動史」も、徐々に揃いつつあった（残念ながら、前出の「イラク行動史」のように全面開示とはならなかったが……）。また、日報隠蔽事件を受けて防衛省は、省内に保存されている過去の海外派遣の日報等の報告文書を一元的に管理し、情報公開にも対応する方針を決めた。南スーダンPKO以外の海外派遣の日報も開示請求すれば、出てくる可能性があった（「はじめに」でも述べたように、防衛省は二〇一八年四月、過去の海外派遣の定時報告文書が約四万三〇〇〇件保存されていたことを発表した）。

これらの膨大な自衛隊の記録や報告文書を活用し、一九九〇年代初頭以降の自衛隊海外派遣の歴史を総検証しよう。そして、自衛隊海外派遣が抱える構造的な問題を洗いざらい明らかにし、そのあり方をゼロから見直すための契機に少しでもなれれば――そんな思いで、この大きなプロジェクトに取り掛かることにした。

それから約五年掛かって、ようやく一冊の本にまとめることができた。私が情報公開法を使って陸上自衛隊イラク派遣の検証作業を始めたのが二〇〇九年なので、本書は、足掛け一三年にわたる研究の成果報告と言える。

自衛隊海外派遣の歴史

本書では、派遣先の治安が特に不安定だった六つの海外ミッション（いずれも陸上自衛隊が参加したもの）を取り上げて検証するが、その前に自衛隊海外派遣の歴史を簡単に振り返っておきたい。

【前史】

自衛隊初の海外派遣となったのは、一九九一年の湾岸戦争後のペルシャ湾への掃海艇派遣である。しかし、それ以前にも、国連からＰＫＯへの要員派遣を要請されたことがあった。

一九五八年にレバノンＰＫＯ（国連レバノン監視団）、一九七二年にはパレスチナＰＫＯ（国連パレスチナ休戦監視機構）への軍事監視要員の派遣を国連から要請されたが、日本政府は自衛隊法に任務規定がないことを理由に断っていた（自衛隊は自衛隊法で規定する任務しか遂行できない）。

一九八〇年には、鈴木善幸《ぜんこう》内閣が、「活動の目的・任務が武力行使を伴わないＰＫＯ」であれば、自衛隊が参加することも「憲法上許されないわけではない」とする政府答弁書を閣議決定するが、ここでも自衛隊法に任務規定がないことを理由に自衛隊派遣の可能性は否定している。その後も、「（ＰＫＯ派遣のための）自衛隊法の改正までは考えてはいない」という首相の答弁が続いた。

開示請求で入手した当時の外務省の内部文書を読むと、「（自衛隊のＰＫＯ派遣は）自衛隊の海外派兵へ道を開くものである」という批判が野党や国民から出ることを警戒していた様子がうかがえる。

一九八七年には、イラン・イラク戦争の影響でペルシャ湾を航行する石油タンカーなどの民間商船が被弾したり、機雷に触れたりする事件が多発し、アメリカは米軍を派遣してタンカー護衛作戦を開始する。日本にも、自衛隊の掃海艇（機雷を除去する艦艇）の派遣を要請した。

対米関係を重視する中曽根首相は「公海上に遺棄された機雷を除去するのは武力行使に

当たらず、自衛隊法による派遣は可能」という見解を示して前向きな姿勢を見せたが、後藤田正晴《まさはる》官房長官が「日本が戦争に巻き込まれる危険が高い」と強硬に反対したことから見送られた。

【本史】

一九九〇年八月にイラクがクウェートを侵攻すると、アメリカはただちに米軍をサウジアラビアに派遣し、戦争準備を開始した。日本に対しても、自衛隊の掃海艇や補給艦の派遣を要請した。

日本政府は、多国籍軍への後方支援を可能とする「国連平和協力法案」を国会に上程するが、野党の抵抗と強い反対世論を前に廃案に追い込まれる。

翌一九九一年一月、米軍を中心とする多国籍軍がイラクを攻撃し、湾岸戦争が開戦する。日本政府は総額で一三〇億ドル（当時のレートで一・八兆円）という巨額の財政支援を行ったが、カネだけ出してリスクを負おうとしない日本の姿勢に国際社会の評価は低く、「小切手外交」などと揶揄《やゆ》された。

それが「トラウマ」となり、政治も世論も「国際貢献のための自衛隊派遣」に一気に傾いていく。湾岸戦争が終わると、日本政府はイラクがペルシャ湾に敷設した機雷を除去するために、自衛隊掃海艇の派遣を決定する。これが自衛隊として初の海外派遣となった。

翌一九九二年六月には、ＰＫＯへの自衛隊派遣を可能とする「国際平和協力法（ＰＫＯ法）」が成立。同年九月、カンボジアＰＫＯに陸上自衛隊の施設部隊と停戦監視要員を派遣する。その後、一九九三年にはモザンビークＰＫＯ、一九九四年にはザイールでのルワンダ難民救援活動、一九九六年にはゴラン高原ＰＫＯと、立て続けに自衛隊を派遣した。

二〇〇一年にはＰＫＯ法を改正し、制定時に凍結していた「ＰＫＦ（平和維持軍）本体業務」（歩兵部隊が実施する治安維持などの業務）を解禁する。

さらにこの年、湾岸戦争の時には実現しなかった戦争中の多国籍軍への後方支援に踏み出す。

九月一一日の同時多発テロ事件を機にアメリカがアフガニスタンで「対テロ戦争」を始めると、日本政府は「テロ対策特別措置法」を制定して、米軍支援のためにインド洋に海上自衛隊の補給部隊を派遣する。

アメリカは二〇〇三年にイラクでも戦争を開始。日本政府は米軍によるイラク占領を支援するために「イラク特措法」を制定し、二〇〇四年から陸上自衛隊と航空自衛隊の部隊を派遣する。

これら二つの特措法に基づく派遣で、それまで国連が統括するＰＫＯへの参加が中心だった自衛隊の国外任務は、米軍支援にまで拡大されたのである。

そして、二〇〇六年には自衛隊法が改正されて、それまで付随的任務の位置付けだった海外派遣が日本防衛と並ぶ本来任務に格上げされた。これを受けて、陸上自衛隊には海外派遣部隊を一元的に指揮する中央即応集団司令部や、海外派遣の先遣任務を担う中央即応連隊、海外派遣の教育訓練を行う国際活動教育隊などが設置された。

国連ＰＫＯへの派遣も、二〇〇二年に東ティモールＰＫＯ、二〇〇七年にネパールＰＫＯ、二〇一〇年にハイチＰＫＯと続く。

さらに、二〇〇九年には、ソマリア沖での海賊対処活動が新たにスタートする。二〇一一年には、アフリカのジブチに自衛隊としては初となる独自の「活動拠点（基地）」が設けられ、南スーダンＰＫＯへの派遣も始まる。

二〇一五年には、自衛隊の海外派遣任務を大幅に拡大する新安保法制が成立する。

ＰＫＯ法も改正され、駆け付け警護や宿営地の共同防護のほか、文民（非戦闘員）に対する危害の防止や特定地域の治安を維持するための監視、駐留、巡回、検問、警護などを行う「安全確保業務」を任務に追加。国連が統括しない国際的な平和協力活動（国際連携平和安全活動）への派遣も可能となった。

同法制は、米軍支援の面でも、それまで違憲としてきた集団的自衛権の行使を一定の条件の下で容認し、海外で武力行使することを可能にした。さらに、イラク派遣のような多国籍軍への後方支援をいつでもできるようにする恒久法（国際平和支援法）も新たに制定した。

三〇年前に建てられたPKO法という「小さな掘立て小屋」は、海外派遣の実績を一つひとつ積み上げながら建て増しを重ね、今や「大邸宅」になった。しかし、どんなに建物が立派になっても、地盤に重大な問題を抱えているというのが、自衛隊海外派遣三〇年の検証を行ってきた私の感想である。

そして、その脆《もろ》さが露呈したのが南スーダンPKOであった。日本政府は二〇一七年五月に南スーダンPKOから陸上自衛隊の部隊を撤収させた。それから約五年が経つが、PKOへの部隊派遣はぴたりと止《や》んでいる。この地盤の脆さをそのままにしていては、もはや、新たなPKOに派遣するのは困難になっているのである。

自衛隊海外派遣の「地盤」にある大きな問題とは何か――。それをこれから、過去の海

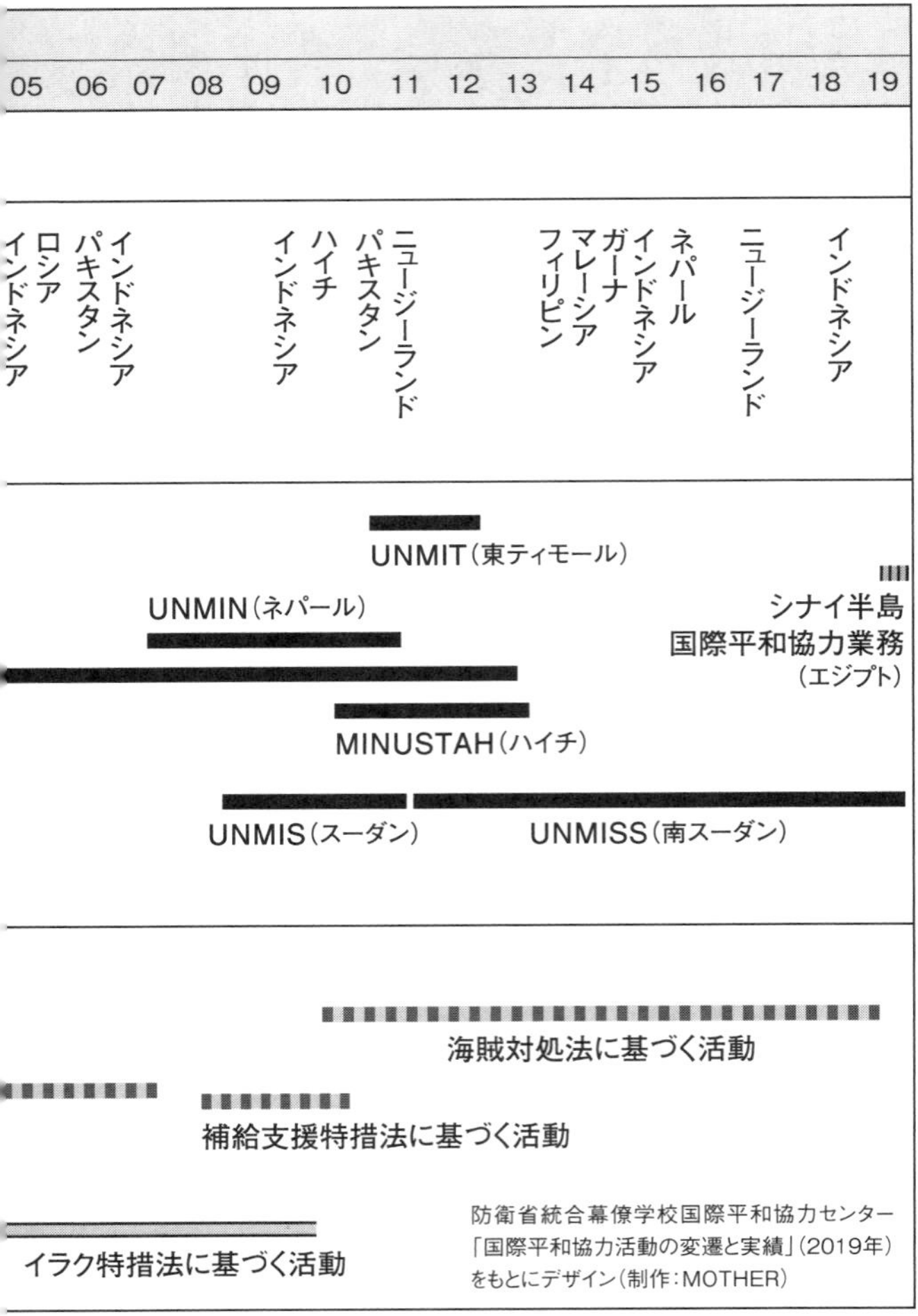

防衛省統合幕僚学校国際平和協力センター
「国際平和協力活動の変遷と実績」（2019年）
をもとにデザイン（制作：MOTHER）

自衛隊の国際平和協力活動等

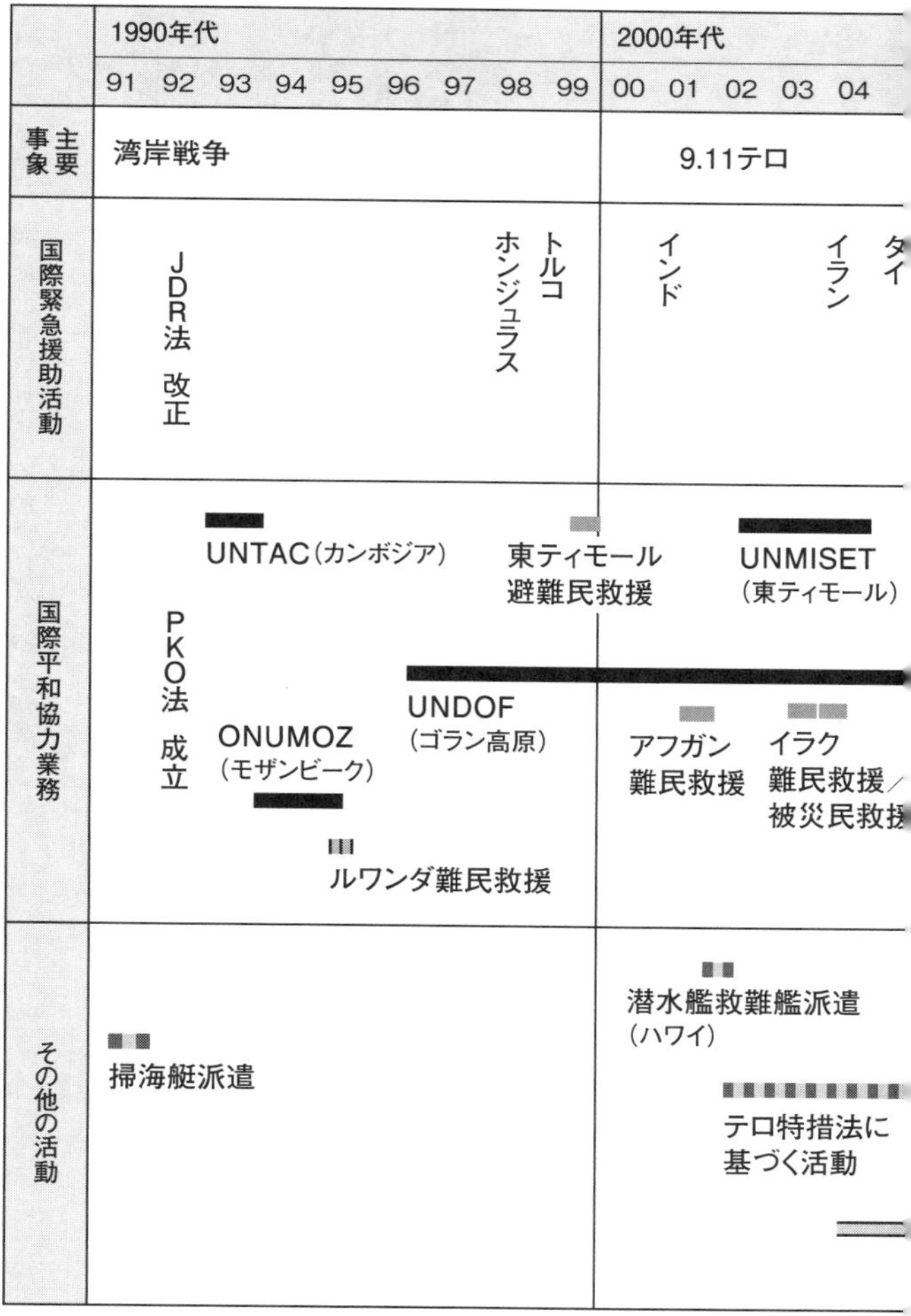
1990年代
2000年代
91 92 93 94 95 96 97 98 99 00 01 02 03 04
主要事象
湾岸戦争
9.11テロ
国際緊急援助活動
JDR法 改正
トルコ
ホンジュラス
インド
イラン
タイ
国際平和協力業務
PKO法 成立
UNTAC(カンボジア)
東ティモール
避難民救援
UNMISET
(東ティモール)
UNDOF
(ゴラン高原)
ONUMOZ
(モザンビーク)
アフガン
難民救援
イラク
難民救援/
被災民救援
ルワンダ難民救援
その他の活動
潜水艦救難艦派遣
(ハワイ)
掃海艇派遣
テロ特措法に
基づく活動

外派遣の具体的な検証を通じて明らかにしていきたい。

自衛隊海外派遣の内部記録

最後に、過去の海外派遣を検証するのに私が活用した自衛隊の記録や報告文書について簡単に説明しておきたい。

軍事組織のオペレーション（作戦）にとって、最も重要なことは「情報の共有」である。指揮官に現場の正確な情報が伝わらなければ、的確な指揮を執ることはできない。「報告」は、オペレーションの重要な一部なのである。

第二次世界大戦中の日本軍（陸軍）では、前線の部隊に「戦闘要報」「戦闘詳報」「陣中日誌」などの作成・提出を義務付けていた。現在の陸上自衛隊でも、有事の際は、「戦闘要報」「作戦（戦闘）詳報」「作戦日誌」などの作成・提出を義務付けている。陸上自衛隊の教範「野外幕僚勤務」は、これらの報告の目的をこう記している。

〈定期に行う報告は、ある期間における状況を組織的かつ総括的に提供し、上級部隊指揮官のじ後における作戦指導を適切にし、あるいは各種の教訓、戦史の編さん等の

資料とする〉

現場の部隊からの報告は、指揮官の適切な作戦指導に欠かせないだけでなく、将来、「戦史」を編さんする際の基礎資料にもなる自衛隊にとっても重要な文書なのである。

自衛隊の海外派遣でも、これに準ずる形で、「日々報告（日報）」「成果報告」「教訓要報」「教訓詳報」などの文書を作成している。

現地から部隊が撤収してミッションが完了すると、前述の各種報告文書を一次資料として、戦史にあたる行動史という総まとめの記録が作成される。

これらの文書には、派遣先の治安状況や部隊の活動成果・教訓などが詳しく記述されており、自衛隊の海外派遣を検証する上で、また後に政策決定の判断の妥当性を考える上で極めて有用である。

今回私は、こうした自衛隊の内部記録や報告文書計約三五〇〇ファイル（約八万ページ）を主に情報公開法に基づく開示請求によって入手し、これを一次資料として検証作業を行った。

第一章　南スーダンＰＫＯ

アフリカ大陸の東部、赤道からほど近い南スーダン共和国は、二〇一一年七月にスーダン共和国から分離独立を果たした世界で最も若い国である。

スーダンでは、イスラム教徒のアラブ系住民が大半を占める北部とキリスト教や伝統宗教を信仰するアフリカ系住民が多い南部との間での内戦が一九五五年から断続的に続き、「アフリカ最長の内戦」と呼ばれていた。長年、北部の勢力が中心となった政権によって虐げられてきた南部の住民にとって、独立は待ち焦がれたものであった。そのため、二〇一一年一月に実施された独立の是非を問う住民投票では、賛成票が九八%以上を占めた。

国連は二〇〇五年に停戦・和平合意が結ばれて以降、ＰＫＯ部隊を展開してその履行を支援してきたが、独立後も治安維持と国づくり支援を目的にＰＫＯを継続した。日本政府も国連からの要請を受け、二〇一二年一月に陸上自衛隊の施設部隊（三〇〇人規模）の派遣を開始した。

武力紛争（南北スーダン内戦）はすでに終結しているという前提で始まったＰＫＯであったが、二〇一三年一二月、今度は南スーダンの中での内戦が勃発する。

この年の七月に、キール大統領がマシャール副大統領を罷免したことから、両者の対立が激化。一二月一五日、大統領警護隊内部での小競り合いがきっかけとなって、政府軍のキール大統領派とマシャール副大統領派の間で大規模な戦闘が起き、それが全土に拡大して内戦に突入したのである。

紆余《うよ》曲折の末、二〇一五年八月に両者の間で和平協定が結ばれるが、翌二〇一六年七月、首都のジュバで政府軍（SPLA）と反政府軍（マシャール派＝SPLA－iO）の大規模な戦闘が発生し、内戦が再燃してしまう。

「散発的な発砲事案」

「ジュバにおきまして、政府軍と元反政府軍との間で、散発的に発砲事案が生じているということです」

内戦再燃直後に中谷元防衛大臣が発したこの一言に、私は強烈な違和感を抱いた。

ジュバ市内で撮影された動画がSNSにアップされていたが、銃声が鳴り止まず、上空を政府軍の攻撃ヘリが旋回し、市内各所で黒煙が舞い上がっていた。どう見ても、「散発的な発砲事案」などと表現できるような軽微な戦闘ではなかった。

現地メディアの報道によると、軽武装のマシャール派に対して火力で圧倒する政府軍は、戦車や戦闘ヘリまで出動させてマシャール派の宿営地や同派を率いるマシャール第一副大統領の公邸に激しい攻撃を加えている模様だった。

マシャール派の報道官は、英BBCの取材に対して「内戦に逆戻りした」とコメントし、アメリカ大使館も、「空港の近くやUNMISS（国連南スーダン共和国ミッション）本部のあるジェベル地区を含むジュバの全域で、政府軍と反政府軍の激しい戦闘が続いている（serious ongoing fighting）」とSNSに書き込んでいた。

日本政府は、自衛隊の撤収を求める世論が広がらないように、「散発的な発砲事案」などという言葉を用いて事態を矮小化しようとしているのではないか——私の脳裏には、そのような疑念が浮かんだ。

実際、日本政府はジュバでの戦闘勃発後、早々に「PKO参加五原則[*1]は維持されている」との見解を示し、自衛隊を撤収させる考えがないことを表明していた。

しかし、事実の歪曲《わいきょく》は良くない。私は、自衛隊が駐留する南スーダンのジュバで何が起きているのかを明らかにしなければいけないと強く思った。

＊1　ＰＫＯ参加五原則とは、自衛隊を国連ＰＫＯに派遣する際の五つの要件。①紛争当事者の間で停戦合意が成立していること、②派遣先の国及び紛争当事者が国連ＰＫＯの活動及び日本の参加に同意していること、③ＰＫＯが特定の紛争当事者に偏ることなく、中立的立場を厳守すること、④上記の要件のいずれかが満たされない状況が生じた場合には、部隊を撤収することができること、⑤武器の使用は、要員の生命等の防護のための必要最小限のものを基本とすること。

組織的に隠蔽された日報

二〇一六年七月にジュバで発生した政府軍とマシャール派の激しい戦闘は、後に「ジュバ・クライシス」と呼ばれるようになる。

私は、ジュバ・クライシスの真相を明らかにすべく、この期間に陸上自衛隊の南スーダンＰＫＯ派遣部隊が作成したすべての報告文書を防衛省に開示請求した。ジュバでの戦闘が収まってから約一週間後のことだ。

だが、約二カ月後の九月中旬に開示された文書の中に、戦闘の状況を記した文書は一枚もなかった。「そんなはずはない」と思っていたところ、現地の部隊が「日報」という文書を作成しているという情報をつかむ。陸上自衛隊で海外派遣の教育訓練を担当する部隊（国際活動教育隊）が作成した文書（開示請求で入手）の中に、日報を「主要教訓資料源」の一つとして活用しているとの記述を発見したのである。

日報には、戦闘の状況が詳しく記されているに違いない。これが開示されれば、ジュバ・クライシスを「散発的な発砲事案」などと矮小化する日本政府の姿勢をただすことができるかもしれない。そう思い、今度は「ジュバ・クライシスの期間に作成された日報」と対象を特定して、再度開示請求した。

しかし、私の淡い期待は、またもや打ち砕かれる。防衛省の決定は「不開示」。一二月初旬に防衛省から届いた決定通知書には、「既に廃棄しており、保有していなかったことから、文書不存在につき不開示としました」と書かれていた。

一回目の開示請求以上に、「そんなはずはない」と思った。日報は、現地の部隊が作成した貴重な一次資料であり、海外派遣の教育訓練を専門に行う国際活動教育隊も「主要教訓資料源」として活用しているのである。そんな自衛隊にとって重要な文書を、半年も経たないうちに廃棄するわけがない。

違和感を持ったのは私だけではなかった。日報の不開示決定を伝えた私のツイッター(@yujinfuse)への投稿は多くの人に拡散され、自民党の河野《こうの》太郎衆議院議員の目にも留まった。自民党の行政改革推進本部長を務めていた河野は、ただちに防衛省に説明を求め、地元の神奈川新聞の取材にも「日報は明らかに重要な『公文書』であって短期間に廃棄していいようなものではない。看過しがたい」とコメントした（「神奈川新聞」二〇一六年一二月二八日）。

　不開示決定から約二カ月後の二〇一七年二月初旬、防衛省は日報を再探索した結果、見つかったと発表した。稲田朋美防衛大臣は当初、意図的な隠蔽を繰り返し否定したが、事実は違っていた。

朝日新聞
7月27日
号外

稲田防衛相辞任へ

南スーダン日報問題で引責

速報も詳報もデジタル版で

　南スーダンの国連平和維持活動（PKO）に派遣された陸上自衛隊の部隊が作成した日報をめぐる問題で、稲田朋美防衛相は27日、引責辞任する意向を固めた。防衛省は28日に日報問題についての特別防衛監察の結果を公表する予定で、稲田氏はこの問題をめぐる混乱の責任をとって辞任する考えだ。

　日報をめぐっては、1月中旬に陸自内で日報の電子データが保管されていたことが発覚。陸自は特別防衛監察に「2月中旬の幹部会議で、稲田氏に日報の電子データ保管を報告した」と説明。一連の過程に稲田氏が関与している可能性が浮上していた。野党側が稲田氏の罷免（ひめん）を要求する中、安倍晋三首相は8月初旬の内閣改造まで続投させる意向を示していた。

　稲田氏は2005年9月の郵政選挙で初当選。歴史認識問題などをめぐってタカ派としての言動が注目を集め、首相は「将来のリーダー候補」として重用した。自民党政調会長を経て、16年8月に防衛相に就任した。

　稲田氏はこれまでも、発言などが物議を醸してきた。学校法人「森友学園」問題をめぐる答弁は迷走し、国会で陳謝に追い込まれた。6月の東京都議選の応援演説では「防衛省、自衛隊、防衛大臣、自民党としてもお願いしたい」と発言し、自衛隊の政治的中立性を侵しかねない内容だとして批判を浴びていた。

稲田防衛大臣の引責辞任を伝える号外
（「朝日新聞」2017年7月27日）

　この年の七月、防衛監察本部（防衛省の監察機関）は、この事案に関する内部調査（特別防衛監察）の結果を公表した。

　陸上自衛隊は、私が行った一回目の開示請求への対応を検討する中で、日報を意図的に開示対象から除外していた。そして、日報を特定した二回目の開示請求に対しては、「既に廃棄した」と偽って不開示としていたことがわかった。明らかな組織的隠蔽であった。

防衛監察本部は、これらの行為を情報公開法や自衛隊法に反する違法行為と認定した。この結果を受けて、防衛省は事務方トップの黒江哲郎《くろえてつろう》事務次官を筆頭に、隠蔽に関与した数人を懲戒処分とした。さらに、稲田朋美防衛大臣と黒江哲郎事務次官、そして陸上自衛隊トップの岡部俊哉《おかべとしや》陸上幕僚長が責任をとって辞任した。

この一連の経緯については、当時、朝日新聞のアフリカ特派員として南スーダンの現場を取材していた三浦英之《みうらひでゆき》記者との共著、『日報隠蔽　自衛隊が最も「戦場」に近づいた日』に詳しく書いたので、そちらをぜひ参照していただきたい。

公表された日報には、予想通り、ジュバ・クライシスの間の激しい戦闘の模様が詳しく記されていた。

日報に記された「激しい銃撃戦」

政府軍とマシャール派の戦闘が始まったのは、二〇一六年七月七日の夜のことである。ジュバ市内の道路で検問を行っていた政府軍と、そこを通過しようとしたマシャール派との間で小競り合いが発生し、銃撃戦へとエスカレート。政府軍の兵士五人が死亡、マシャ

20

情勢（5／7）／Situation

別紙第２－５

３　ジュバ市内の戦闘に関する状況

９日	０４１１	警衛	南西方向　射撃音６発　距離約１Km以上
	０４１９	警衛	南西方向　射撃音３発　距離約１．５Km以上
	０４２５	警衛	南西方向　機関銃らしき射撃音１５発以上 距離約１Km以上（曳光弾２発）
	０４２７	警衛	南西方向　射撃音　継続
	０４４９	警衛	南西方向　射撃音３発　距離約１Km
	[redacted]	[redacted]	[redacted]
	０７３６	警衛	南西方向　射撃音５発　距離約１Km
	[redacted]	[redacted]	[redacted]
	[redacted]	[redacted]	[redacted]
	０８２９ ～ ０９５５	警衛	ビルファムロードをＳＰＬＡ車両 １３両南進、２両北進
	[redacted]	[redacted]	[redacted]
	[redacted]	[redacted]	[redacted]
	[redacted]	[redacted]	
	１２０４	警衛	ビルファムロードを高官車両が北～南へ移動（ピックアップ×３、ランクル×１）
	[redacted]	[redacted]	[redacted]
	[redacted]	[redacted]	[redacted]

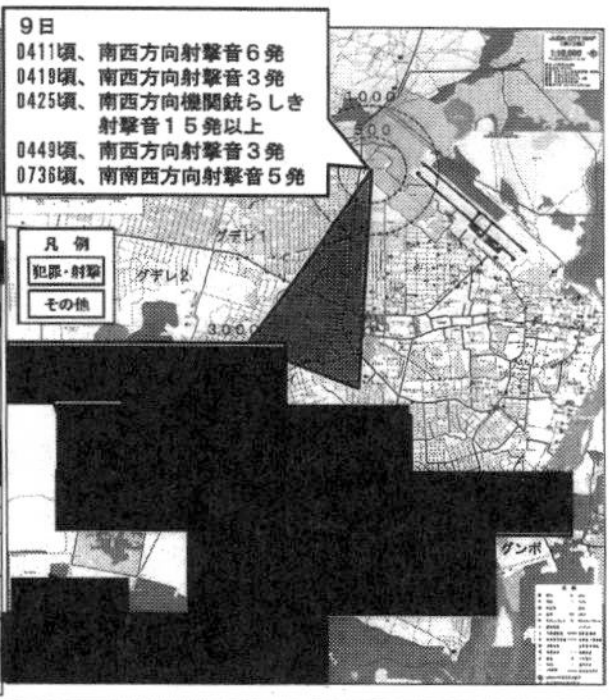

[redacted]

評価	
評　価	１６３７以降射撃に関する情報は報告されていないものの、両勢力のＵＮハウス近傍における対峙は継続されているものと見積もられ、夕闇に紛れた報復等が発生する可能性があり注意が必要 また、市街地における一般市民に対する略奪等が発生する可能性もあり在留邦人の動向に注意が必要

2016年7月9日の戦闘の状況が詳しく報告されていた同日の日報

ール派の兵士二人が負傷する事態となった。

翌八日の日報には、宿営地の「警衛所」からの情報として、**「7日2000頃から約15分間30発以上の発砲音を南西方向から確認」**との記述がある。

キール大統領とマシャール第一副大統領は、事態の収束をはかるために、八日夕方に大統領府で対応を協議。会談終了後の記者会見の最中、突然銃声が鳴り響いた。大統領と第一副大統領それぞれの警護隊の間で銃撃戦が始まってしまったのである。

日報には、八日夕刻からの状況として**「宿営地南西方向から射撃音」「大統領府**

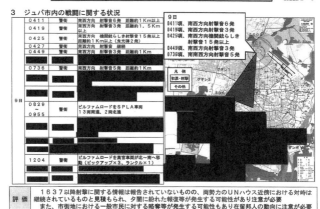

方向からの煙を確認」「宿営地南東方向から射撃音」「対戦車ヘリ2機（Hi-24）が大統領府上空を旋回」「曳光弾《えいこうだん》　計50発／宿営地南西及び北方向」などの言葉が並ぶ。これらの記述は、私が当時SNSにアップされた動画を見た時の印象と一致していた。

翌九日になっても、銃声は鳴り止まなかった。未明の午前三時半頃から四時半頃にかけて、「宿営地南方向から3発射撃音」「南西方向　射撃音6発」「南西方向　射撃音3発」「南西方向　機関銃らしき射撃音15発以上……（曳光弾2発）」「南西方向　射撃音　継続」と激しい戦闘が続いた状況が報告されている。

宿営地隣接のビルが最前線に

陸上自衛隊の隊員たちが最も緊張を強いられたのは、一〇日から一一日にかけてであった。

自衛隊の宿営地のすぐ横に、「トルコビル」と呼ばれる建設中の九階建てのビルが建っていた。ここを一時、政府軍から離反しマシャール派側についたヌエル族[*2]の兵士らが占拠し、政府軍との間で激しい戦闘が展開されたのである。宿営地の外柵からトルコビルまでの距離は、約五〇メートル。一〇日から一一日にかけて、ここが「最前線」となった。

＊2　ヌエル族とは南スーダンで二番目に人口が多い部族。マシャール氏がヌエル族出身のためマシャール派の兵士はヌエル族出身者が多かった。一方、キール大統領は最大部族のディンカ族出身。

自衛隊宿営地から撮影されたトルコビル（防衛省開示文書より）

一〇日の日報によると、同日午前八時三〇分、自衛隊宿営地のある「UN（国連）トンピン地区」の近くで政府軍の車両が何者かに攻撃され、銃撃戦が発生。一一時過ぎには、トルコビル周辺でも激しい銃撃戦が始まる。

一〇日の自衛隊宿営地近傍での戦闘については、日報とともに防衛省が公表した、中央即応集団作成の[＊3]「モーニングレポート」という文書により詳しい記述がある。現地の派遣部隊が日報とは別に報告した情

注意

10日に発生した主要事象

番号	日時	事象の概要	情報源
①	[redacted]	[redacted]	[redacted]
②	[redacted]	[redacted]	[redacted]
③	10日0908c（1508i）	UNトンピン地区南西150m付近でSPLA車両が何者かによって襲撃を受けた模様	施設隊
④	10日0922c（1522i）	2機の攻撃ヘリが離陸、低空にて9時方向へ移動	施設隊
⑤	[redacted]	[redacted]	[redacted]
⑥	10日1108c（1708i）	トンピン地区トルコビル南側付近で小銃及び砲迫又はRPGの射撃音	施設隊
⑦	10日1111c（1711i）	トンピン地区、ウエストゲート付近で激しい戦闘確認	施設隊
⑧	10日1221c（1821i）	トルコビル左下に着弾（ランチャーと思われる）	施設隊
⑨	10日1339c（1939i）	宿営地南側方向、連続的な射撃音	施設隊
⑩	10日1743c（2343i）	TK、トルコビルに対し戦車砲を射撃、トルコビル西端に命中	施設隊

[redacted]

2016年7月10日の戦闘の状況が記述された翌11日の「モーニングレポート」

報が反映されているものと思われる。

＊3　前章でも触れた中央即応集団は、二〇〇七年に創設された防衛大臣直轄の機動運用部隊で、陸上自衛隊の海外派遣部隊を一元的に指揮する任務も付与されていた。二〇一八年、陸上総隊の創設に伴い廃止された。

〈トンピン地区トルコビル南側付近で小銃及び砲迫又はＲＰＧの射撃音〉

〈トンピン地区、ウエストゲート付近で激しい戦闘確認〉

〈トルコビル左下に着弾（ランチャーと思われる）〉

〈宿営地南側方向、連続的な射撃音〉

〈TK、トルコビルに対し戦車砲を射撃、トルコビル西端に命中〉

「砲迫」とは迫撃砲、「RPG」とは対戦車ロケットランチャー、「TK」とは戦車のことである。小銃や機関銃による銃撃戦だけでなく、破壊力が格段に大きい戦車砲、迫撃砲、ロケット弾までもが至近距離から撃ち込まれていたのである。

陸上自衛隊の宿営地では、屋内退避指示が出され、隊員たちは防弾チョッキと鉄帽を着用して居室や執務室に身を潜めていた。

陸上自衛隊の宿営地近傍では、翌一一日も朝から戦闘が続く。しかし、なぜかこの日の日報の記述には黒塗りが多く、何があったのか詳しくはわからない。ただ、砲弾がどこかに着弾して負傷者が出たことが記されているなど、引き続き、激しい戦闘が起きていたことは読み取れる。

〈[redacted]近傍にて砲迫含む銃撃戦〉
〈[redacted]に弾着[redacted]が負傷〉
〈[redacted]にてTK射撃含む激しい銃撃戦〉

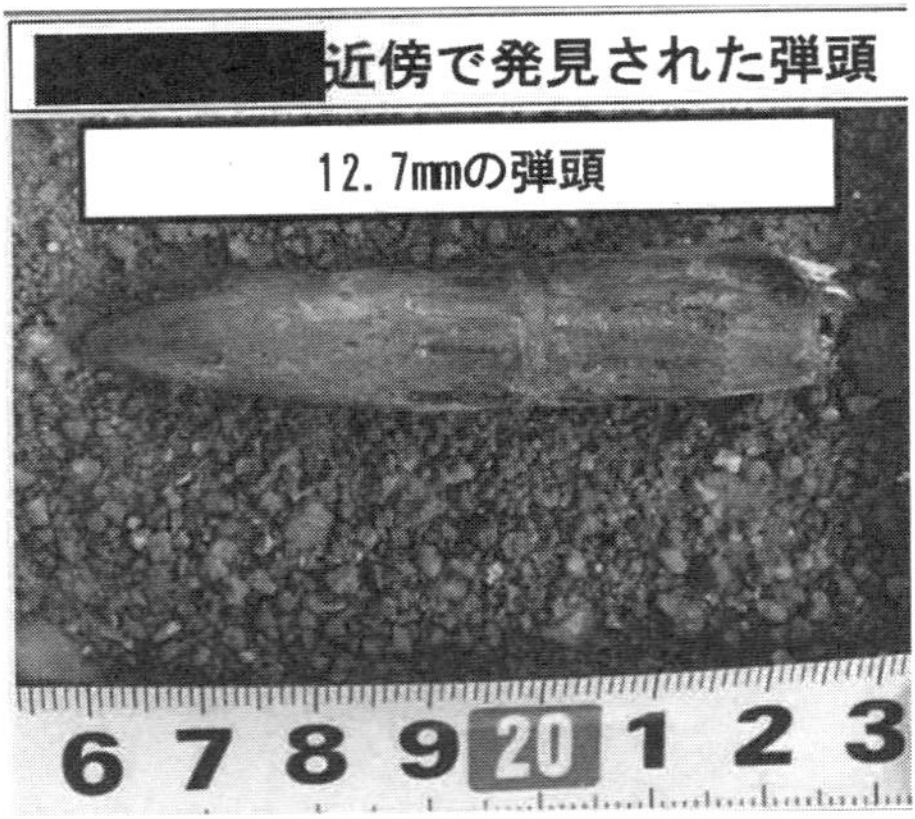

宿営地内に着弾した流れ弾（防衛省開示文書より）

〈宿営地5、6時方向[*4]で激しい銃撃戦〉
〈宿営地南方向距離200トルコビル付近に砲弾落下〉

＊4　方角を時計の短針が指す方向で表している。

このように日報とモーニングレポートを読めば、とても「散発的な発砲事案」などと呼べるような生易しい状況でなかったことが理解できる。現地の部隊も、アメリカ大使館がSNSに書き込んだのと同じく、日報に「激しい銃撃戦」と記して報告していた。それを日本政府は、「散発的な発砲事案」と矮小化して国民に伝えていたのである。

日報の開示部分には記述がないが、自衛隊の宿営地にも「流れ弾」が飛んできていた。

五〇メートル先で激しい銃撃戦が行われていたのだから、当然といえば当然である。

「朝日新聞」（二〇一八年九月二日朝刊）の報道によれば、宿営地の施設九カ所が被弾し、小銃や機関銃の弾頭二五発が発見されたという。監視塔の階段の手すりに小銃弾が貫通した跡があったほか、「直射弾による側壁等への被害」も三カ所で見つかっていた。

当時、隊員の大半は耐弾施設に屋内退避していたが、宿営地警備を担当する一部の隊員は警戒陣地や監視塔などで配置に就いていた。一つ間違えば、甚大な被害に結び付いた可能性があった。

南スーダン政府軍の攻撃

私は、ジュバ・クライシス時の状況をさらに調べようと思い、第一〇次南スーダン派遣施設隊の活動成果や教訓などをまとめた「成果報告」という文書を開示請求して入手した。

この文書には、教訓の収集のために現地に派遣された要員（教訓幹部）が作成した教訓収集レポートも収録されていた。このレポートに、日報やモーニングレポートでは知ることができなかった重要な事実が記されていた。

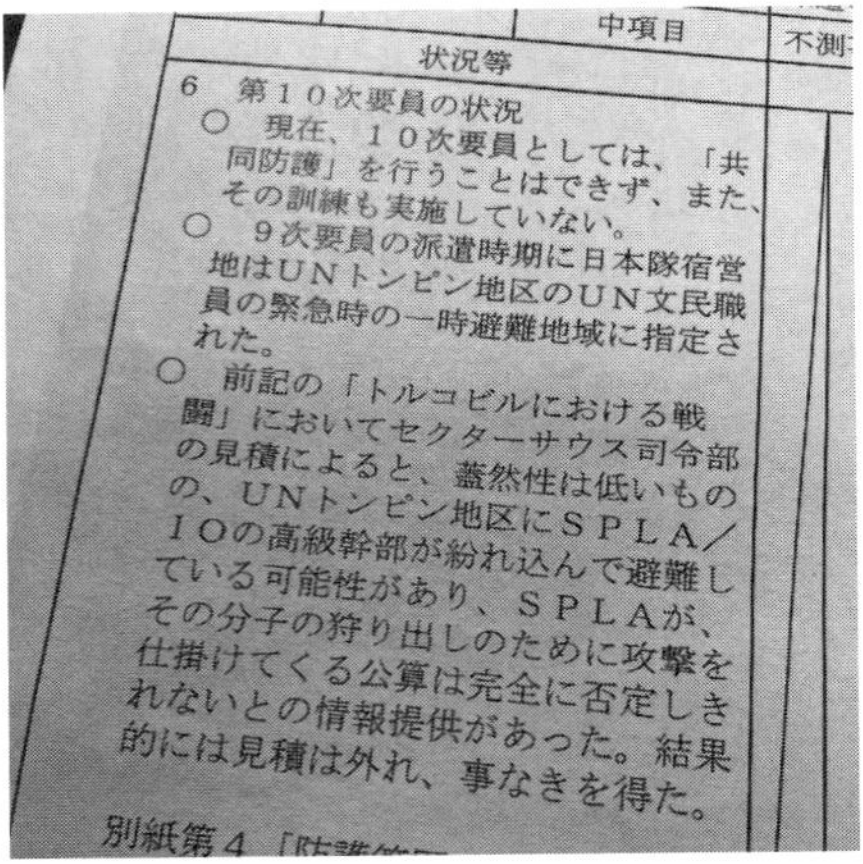
中項目　不測
状況等
6　第１０次要員の状況
○　現在、１０次要員としては、「共同防護」を行うことはできず、また、その訓練も実施していない。
○　９次要員の派遣時期に日本隊宿営地はＵＮトンピン地区のＵＮ文民職員の緊急時の一時避難地域に指定された。
○　前記の「トルコビルにおける戦闘」においてセクターサウス司令部の見積によると、蓋然性は低いものの、ＵＮトンピン地区にＳＰＬＡ／ＩＯの高級幹部が紛れ込んで避難している可能性があり、ＳＰＬＡが、その分子の狩り出しのために攻撃を仕掛けてくる公算は完全に否定しきれないとの情報提供があった。結果的には見積は外れ、事なきを得た。
別紙第４「防護

政府軍襲撃の可能性があったことを伝える教訓収集レポート

〈セクターサウス司令部の見積によると、蓋然性は低いものの、ＵＮトンピン地区に反主流派（マシャル派）の高級幹部が紛れ込んで避難している可能性があり、政府軍が、その分子の狩り出しのために攻撃を仕掛けてくる公算は完全に否定しきれないとの情報提供があった。結果的には見積は外れ、事なきを得た〉

「セクターサウス司令部」とは、ジュバを含む南スーダン南部で活動するＰＫＯ部隊を統括する地域司令部で、トンピン地区に置かれていた。ここが、南スーダン政府軍がトンピン地区に攻撃を仕掛けてくる可能性があると見積もり、自衛隊にも警戒を呼びかけていたというのだ。

当時、派遣施設隊隊長として部隊を率いていた中力修《ちゆうりきおさむ》氏は、私の取材に対して、この事実を認めた。「細部は言えない」と断った上で、実際に政府軍が攻撃を仕掛けてきた場合の対処についても「考えていた」と明かした（中力氏へのインタビューは一〇七ページに掲載）。

「成果報告」には、ジュバ・クライシス時、大量のＩＤＰ（避難民）がＵＮトンピン地区にも流入したことが記されている。

〈衝突と並行して政府軍又は反主流派による略奪、性的暴行、無差別殺人が発生したため、ＵＮハウス、ＵＮトンピン及び市内の教会等へ多数のＩＤＰが流入した。（中略）／ＵＮトンピン地区に流入したＩＤＰは日本隊宿営地前からルワンダ歩兵大隊敷地内を一時的なＰＯＣサイト（筆者注：文民保護区）として使用し、最大受け入れ時は約4，500名に達した〉

実は、自衛隊宿営地のすぐ隣のトルコビルで激しい戦闘が繰り広げられていた七月一〇日、同じくＵＮトンピン地区に宿営地を置くルワンダ軍部隊が、政府軍からの攻撃や暴力から逃れるために保護を求めて押し寄せた一〇〇〇人を超える避難民を、宿営地内に受け入れていた。

ルワンダは、一九九四年に「ルワンダ大虐殺」を経験している。内戦の最中、多数派のフツ族の過激派民兵などによって少数派のツチ族と穏健派のフツ族が八〇万人以上虐殺された事件である。当時、ルワンダには国連ＰＫＯ部隊が展開していたが、大虐殺を止めることができなかった。この反省から、現在のＰＫＯでは「文民保護」が主要な任務になっている（第五章で詳述）。これは推測ではあるが、大虐殺を経験したルワンダだからこそ、真っ先に宿営地を開放し、避難民を受け入れたのかもしれない。

自衛隊が宿営地前に設置したIDP用のテント（防衛省開示文書より）

自衛隊は宿営地を開放することはしなかったが、ＵＮＭＩＳＳからの要請を受け、宿営地前に集まっていた避難民のためにテントを設置し、水や食糧も提供した。自衛隊が撮影した当時の写真を見ると、宿営地前は、さながら臨時の「避難民キャンプ」の様相であった。
南スーダン政府軍は、マシャール派の兵士たちが避難民に紛れてUNトンピン地区内に逃げ込んでいると見ていた。実際、南スーダン政府軍のルアイ報道官は後に、「(トルコビルを占拠していた)反政府側は弾薬を使い果たした後、武器を捨ててPKO施設内の避難民キャンプに逃げた」と語っている(「東京新聞」二〇一六年九月一八日朝刊)。
結果的に、陸上自衛隊宿営地前への攻撃はなかったが、避難民を受け入れたルワンダ軍は宿営地に迫撃砲を撃ち込まれた。前出の「成果報告」には、こう記されている。

〈10日及び11日は、UNハウス及びUNトンピン地区近傍において戦車、迫撃砲の射撃を含む激しい衝突が生起し、日本隊宿営地内にも小銃弾の流れ弾等が飛来するとともに、UNトンピン地区内ルワンダ歩兵大隊敷地内には3発の迫撃砲弾が落達、内1発によりIDPを含む5名の負傷者が発生した〉

さらに、「11日にはUNトンピン内の元反主流派のIDPを狙って政府軍兵士3名がUNトンピン地区内(ルワンダ歩兵大隊敷地)に進入し、UNPOL(筆者注:国連警察。P

KOの警察部門）に逮捕される事案が発生した」という記述もある。

南スーダン政府軍によるUNトンピン地区への攻撃は実際に起きていたのである。

豪軍文書には「交戦」も

ジュバ・クライシスでは、UNトンピン地区だけでなく、UNMISSの本部があるUNハウス地区も、南スーダン政府軍による攻撃を受けていた。

中国政府の発表によると、七月一〇日午後六時四〇分頃、UNハウス地区に隣接する避難民キャンプの警戒に当たっていた中国軍部隊の装甲車に砲弾が命中し、二人が死亡、五人が重軽傷を負った。

当時、南スーダン政府の情報大臣を務めていたマクエイ氏は、「国連宿営地の門の近くで（政府軍の）装甲車両2両が国連部隊に破壊され、政府軍は国連部隊に応戦した」と話し、政府軍と国連PKO部隊との間で一時交戦があったことを明かした（「朝日新聞」二〇一六年一一月四日朝刊）。

さらに、南スーダン政府軍の副報道官も、朝日新聞の三浦英之記者の取材に対し、「我々と国連が互いに撃ち合ったことは事実だ。我々は戦車を破壊され、その報復で中国兵二人が死んだ。事実は動かすことができない」と語ったという（布施祐仁・三浦英之『日報隠蔽　自衛隊が最も「戦場」に近づいた日』）。

国連はこうした事実を公式には認めていないが、PKO部隊は攻撃を受けただけでなく、「交戦」までしていたのである。


実は、PKO部隊の交戦は、UNハウス地区だけでなく、自衛隊のいるUNトンピン地区でも生じていた。

私はこのことが記された公文書を入手した。と言っても日本のものではない。オーストラリア軍の文書である。

文書の内容に入る前に、私がこの文書をオーストラリア国防省に情報公開請求したきっかけについて簡単に触れておきたい。

二〇一七年、防衛省による「日報隠蔽」の事実が明らかになると、一部の与党議員や元自衛隊幹部などの識者から「そもそも日報は軍事機密であり、情報公開の対象とすべきではない」「日本のように派遣中に日報を開示するような国はどこにもない。欧米は三〇〜五〇年後に開示している」といった声が上がった。それを聞いて私は、本当にそうなのかと疑問を持ち、確かめてみようと思ったのである。

そこで、南スーダンPKOに司令部要員や軍事連絡要員を派遣しているオーストラリア軍がジュバ・クライシスの期間に作成した文書を電子メールで開示請求してみた。すると、約三カ月後に「状況報告－アスラン作戦」という文書が七件開示された。

少なくとも、オーストラリアでは、「日報は軍事機密であり情報公開の対象とはならない」「三〇～五〇年経たなければ開示されない」ということはなかった。日本と同様、公にすると現地の部隊を危険に晒《さら》すおそれのある部隊運用に関する情報や、公にすると国連

UNOO SITREP – OP ASLAN OUT/2016/031

Notes:
1. IAW Watcher Guidance. OP ASLAN will provide 12 hours SITREPs at 0800Z and 2000Z daily during the Independence Day long weekend.
2. Changes to this format may only be made with the approval of J3 HQJOC

OUT-OF-CYCLE SITREP No 31/16 covering the period – 102000Z – 110800Z Jul 16

Summary:

Conflict in JUBA. The conflict in Juba subsided over night due to rain and darkness, however from 110600C Jul 16 the fighting has intensified. Multiple tank rounds, Mortars, RPG, Heavy weapons and small arms are being fired around both UN House and UN Tomping. Civilians have been observed evacuating, walking from west to east S33(a)(i) [redacted] carrying pers belongings. Likely to be heading to the Nile bridge to got to the other side of the Nile river.

UN House: Continues to sustain multiple mortar rounds, RPG and small arms fire directly impacting within the UN House compound and surrounding watch towers. The FHQ building, a watch tower and UN vehicles IVO the main gate have been directly hit. There are now UN casualties – 2 KIA, 3 WIA (Pri 1) and unknown number of WIA (Pri 3); this is in addition to previous reporting. This area is still very hostile and unpredictable.

UN Tomping: Sustained heavy shooting at the UN Tomping base western gate and surrounds is occurring. Heavy artillery shelling is being fired from north of the Juba Airport. All staff on Tomping have been told to move to designated bunker points on base, indicating a potential imminent breach of the UN Tomping base security.

Juba Airport: Remains closed to International and UN air traffic.

S33(a)(i) [redacted]

1. **Current Situation:** The hostilities in Juba subsided over the night period potentially due to rain and visibility. S33(a)(i) [redacted] The conflict intensified at 110600C Jul 16 and remains centred in Juba in vicinity of the two UN bases with heavy weapons, indirect fire and now tank fire being reported outside the perimeter. There continues to be mortar, RPG and small arms fire impacting inside UN House and Tomping. Reporting also suggests there is fighting starting to break out in other areas of South Sudan including Torit (Eastern Equatoria) and Mundri (Western Equatoria). Further reporting will verify this over the next 12 hours. S33(a)(i) [redacted]

2. **UN House:** Multiple sightings of Tanks and technical's with 12.5mm are moving IVO UN House perimeter. Shelling at the gate of POC site 3 is occurring and bracketing closer to the IDP's. SPLA-IO has been seen entering the POC site with weapons. This may cause the SPLA to pursue into the POC site which may result in mass civilian casualties similar to the Malakal incident in Feb 2016. There are over 2000 additional IDP's who are

筆者がオーストラリア国防省に情報公開請求して取得したオーストラリア軍の「状況報告」

や他国との信頼関係を損なうおそれのある情報を黒塗りにした上で開示された。
二〇一六年七月九～一〇日の「状況報告」は、国連トンピン地区の状況について次のように記している。

〈ルワンダ大隊と正体不明の武装集団（SPLAあるいはSPLA－iO）との重火器を含む銃撃戦により国連トンピン基地への直接攻撃が発生した。大量の文民が基地内への侵入を試みており、その一部はすでに境界線を越えて基地内での保護を求めている。大量の文民の死傷が報告されている〉（筆者訳、以下同）

他にも、「国連の基地は、今や無差別に（攻撃の）標的となっており、すべての国連要員への脅威は増大していると評価される」という記述もある。
さらに、七月一〇～一一日の「状況報告」は、「五人のIDPが迫撃砲弾の爆発により基地内で負傷した」との報告とともに次のように記していた。

〈国連トンピン基地のウエストゲートとその周辺で激しい銃撃戦が続いた。ジュバ空

港北側から重砲による砲撃があった。トンピン地区のすべての要員は基地内の退避壕《たいひごう》への移動を指示された〉

また、「既存のものと緊急に設けられた文民保護区がいずれも国連基地内にあるため、国連部隊が交戦に引き込まれている」との分析も記している。

オーストラリア軍の「状況報告」は、ＰＫＯ部隊と交戦した相手を南スーダン政府軍とは断定していないが、住民らが国連トンピン地区に避難しようとするのを政府軍が阻止しようとしていたとの記述もあり、避難民を受け入れたルワンダ軍の宿営地を攻撃したのは南スーダン政府軍であった可能性が高い。

いずれにせよ、オーストラリア軍の文書は、国連ＰＫＯ部隊がトンピン地区でも交戦した事実を伏せていなかった。

なお、オーストラリア軍の文書には銃撃戦を行ったのはルワンダの歩兵大隊と書かれているが、バングラデシュの工兵部隊も攻撃を受け応戦したことが明らかになっている。

新任務付与の論拠崩れる

ジュバ・クライシスから一カ月が経った二〇一六年八月初旬、日本政府が一一月から南スーダンに派遣する予定の陸上自衛隊部隊に、「駆け付け警護」と「宿営地の共同防護」という二つの新任務を付与する方針を固めたとマスコミが一斉に報じた。

ジュバ・クライシスを「散発的な発砲事案」と矮小化した日本政府は、南スーダンは内戦（武力紛争）にはなっておらず、PKO参加五原則も維持されているとして、陸上自衛隊の活動継続を決めていた。そしてさらに、これまでやったことのない新任務まで付与しようとしたのである。

本来であれば、国会の場でジュバ・クライシスについて丁寧に検証した上で、新任務の可否についても慎重に検討すべきであった。しかし、新任務付与に前のめりになる日本政府は、ジュバ・クライシスの詳しい状況について説明しようとはしなかった。

特に、ルワンダ軍宿営地が砲撃を受けた事実や、PKO部隊と南スーダン政府軍が交戦していた事実は、これから新任務を付与しようとする日本政府にとっては不都合な情報だった。

なぜなら、憲法解釈を変更してまでこれらの任務を実施可能とした「論拠」が崩れるおそれがあったからだ。

従来、日本政府は駆け付け警護と宿営地の共同防護は憲法上できないという立場だった。理由は、これらの任務を遂行するためには、正当防衛・緊急避難の範囲を超える武器使用が必要になるからだ。正当防衛・緊急避難は、自己保存のための自然権的権利として誰もが有する権利で、PKOに参加する自衛官がそれを行っても憲法違反にはならない。しかし、それを超える武器使用を行った場合には、憲法九条が禁ずる「武力の行使」になるおそれがある。そのため、PKO法では、自衛隊の武器使用は正当防衛・緊急避難に限定されていた。*5

＊5　ちなみに、「武器の使用」と「武力行使」を区別しているのは、日本だけである。国際的には、軍隊の要員が武器を使用すれば、それが自己防衛のためであろうが、任務遂行のためであろうが、「武力行使（use of force）」と評価される。

安倍晋三政権が二〇一四年に、この憲法解釈を閣議決定で変更した。派遣先の国の政府やその他の紛争当事者の「受け入れ同意」が安定的に維持されている場合には、自衛隊が「国または国に準ずる組織」との間で戦闘になることはないとして、任務遂行型の武器使

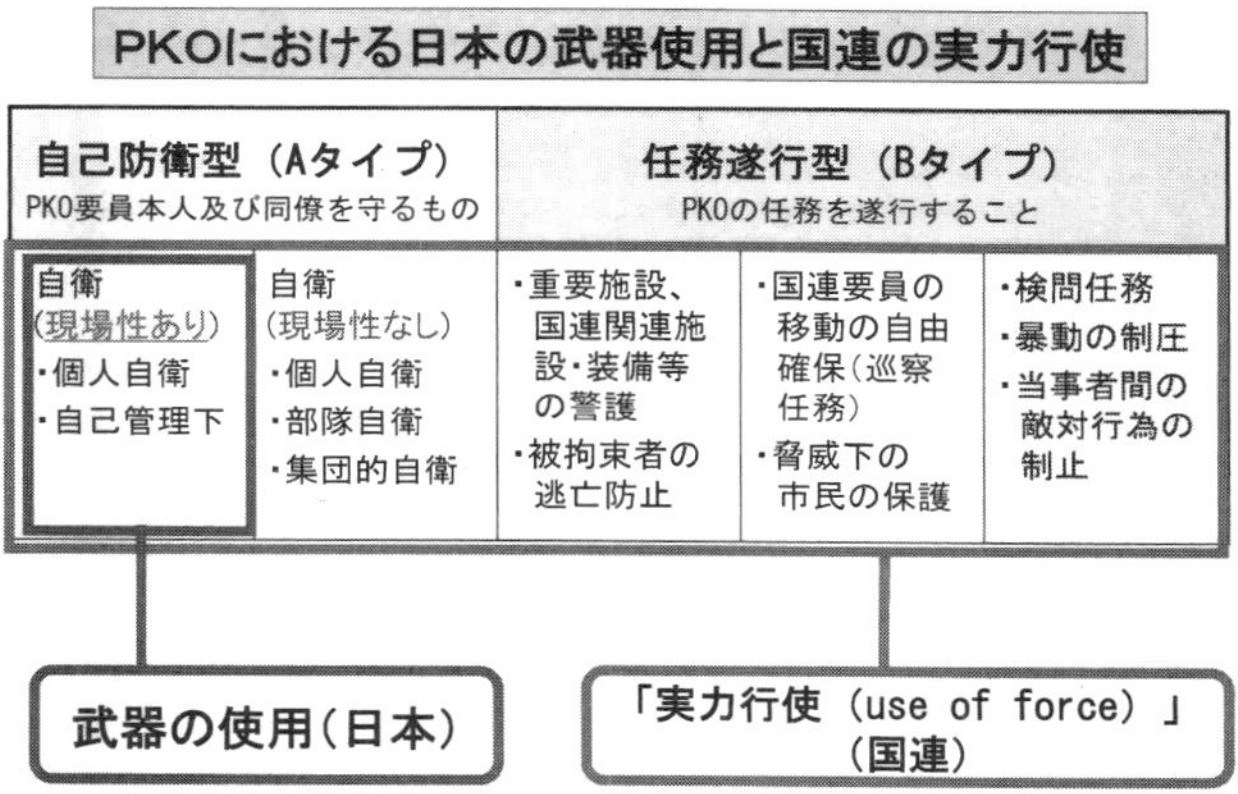

陸上自衛隊国際活動教育隊の教育資料より

用（自己保存の範囲を超えて、任務を遂行するために武器を使用すること）を限定的に認めたのだ。そして、翌一五年にＰＫＯ法を改正して、新任務を加えた。

安倍政権は、南スーダンでは同国政府による受け入れ同意が安定的に維持されているとして、改正されたＰＫＯ法を初適用して新任務を付与しようとしていた。

ところが実際には、ジュバ・クライシスでは、南スーダン政府軍によるＰＫＯ部隊宿営地への攻撃や、政府軍とＰＫＯ部隊の交戦が発生していたのである。

それだけでなく、南スーダン政府軍が国連の文民スタッフやＮＧＯ関係者を襲撃するという事件も起こっていた。

二〇一六年七月一一日、国連ＰＫＯの文民要員やＮＧＯの人道支援従事者ら約七〇人が滞在するホテルを、約一〇〇人の政府軍兵士が襲撃。マシャール第一副大統領の出身部族であるヌエル族の地元記者一人が射殺されたほか、外国人のＮＧＯ関係者らが金品の略奪、激しい暴行、集団レイプなどの被害を受けた。

もし、ジュバ・クライシスの時、陸上自衛隊に駆け付け警護の任務がすでに付与されていたら、どうなっていただろうか。

通常、このようなケースで駆け付け警護を行うのは歩兵部隊なので、施設部隊である自衛隊に出動命令が出される可能性は低い。しかし、仮に出動していたら、南スーダン政府軍との間で戦闘になっていた可能性は否定できない。正当防衛・緊急避難を超える武器使用を南スーダン政府軍相手に行えば、憲法九条が禁ずる「武力行使」と評価されるおそれがある。

だからこそ、こうした検証を国会で丁寧に行うべきだった。しかし、日本政府はジュバ・クライシスを「散発的な発砲事案」の一言で片付け、「受け入れ合意が安定的に維持されていれば、自衛隊が武力紛争に巻き込まれることはない」という、現場の実態と乖離《かいり》した答弁を繰り返して、新任務の付与を閣議決定した。

ジュバ・クライシスが収束した日に、現地の陸上自衛隊が作成した日報には、「SPLAによるUN施設方向への攻撃には引き続き注意が必要」と記されている。この情報だけでも公になっていれば、国会での議論も違ったものになったであろう。

改竄《かいざん》された家族説明会資料

事実をもとに政策の可否を検討するのではなく、政策を実行するために都合の悪い事実は隠すばかりか、改竄するということまで行われていた。

安倍政権がジュバ・クライシスを「武力紛争」だと認めなかったことはすでに述べたが、その理由として挙げていたのは、マシャール派が「国に準ずる組織」に該当しないということであった。

では、「国に準ずる組織」とは何なのか。日本政府は「系統だった組織性を有している」「支配が確立されるに至った領域がある」の二つを要件として挙げ、マシャール派は両方とも満たしていないと説明していた。

しかし、マシャール派はマシャールの下に「政治局」が組織され、軍事部門も参謀総長をトップとする一定の指揮命令系統の中で動いていることは明らかだった。

また、マシャール派は二〇一六年当時、エチオピアとの国境に近い上ナイル州のパガックに総司令部を置き、ここを拠点にヌエル族の多い南スーダン北東部の一部の地域を支配していた。

実は、現地の陸上自衛隊部隊もマシャール派に「支配地域」があることを認識し、そのことを上級部隊である中央即応集団にも報告していた。ジュバ・クライシス直前の二〇一六年六月の日報には、南スーダン全土の地図の中に赤い線で囲った「反政府勢力支配地域」が図示されていた。

さらに、九月に青森駐屯地などで行われた第一一次派遣施設隊の隊員家族を対象とした説明会でも、「政府派・反政府派の支配地域」が図示された資料（次ページ上図）が配布されていた。

ところが、野党議員（当時民進党の辻元清美衆議院議員）が防衛省にこの資料の提出を求めると、同省は「政府派・反政府派の支配地域」と書かれた箇所を「反政府派の活動が活発な地域」と書き換えて提出した（同下図）。改竄はそれにとどまらず、「戦闘発生箇所」という表記も「衝突発生箇所」に書き換えていた。書き換えは、稲田朋美防衛大臣自らが指示していた（二〇一六年一一月二二日、参議院外交防衛委員会）。

実際に使用された家族説明会資料（上）と防衛大臣の指示で改竄された資料（下）

もし、陸上自衛隊自身がマシャール派に支配地域があると認識していたことが明らかになれば、同派が「国家に準ずる組織」に該当しないことを論拠に武力紛争の発生を否定していた安倍政権のロジックが崩壊する。だから、大臣直々に資料の書き換えを指示したと見るのが妥当だろう。

ＰＫＯ法では、紛争当事者間で停戦合意が成立しているか、あるいは武力紛争が発生していないことが自衛隊派遣の要件とされている。マシャール派のような武装勢力が「国家に準ずる組織」に当たるかどうかは、派遣の可否に関わる極めて重要な判断となる。それが、時の政権の恣意的な判断に委ねられているというのは極めて問題である。

それに、南スーダンＰＫＯ実施の根拠となっている国連安保理決議の中でも「armed conflict（武力紛争）」という単語がたびたび用いられており、日本政府もそれらの決議には賛成してきた。この点について国会で野党議員に問われた日本政府は、国連の決議における armed conflict と日本の法律における「武力紛争」は「（定義が）同一ではない」と説明した（飯島俊郎外務参事官、二〇一六年一一月一五日、衆議院安全保障委員会）。

ＰＫＯを統括する国連が武力紛争と認定しているのに、日本政府が恣意的な解釈で武力紛争の発生を否定すれば、ＰＫＯの現場でも深刻な問題を生じさせる。この点は第五章で詳しく触れたい。

もう一つの「ジュバ・クライシス」

ここまで、二〇一六年に発生したジュバ・クライシスの実態や、それに対する日本政府の対応などについて見てきた。防衛省による日報の隠蔽問題や、きちんとした検証を経ない状態で自衛隊への新任務付与が決定されるなど、数々の問題点をご理解いただけたかと思う。

しかし実は、このような問題はもっと前の時点から生じていた。この章の冒頭で少し触れたように、陸上自衛隊の第五次派遣施設隊が活動中の二〇一三年一二月から二〇一四年一月にかけても、ジュバで激しい戦闘が発生していたのだ。

ジュバでの戦闘は、政府軍をキール大統領が掌握したことで一二月一八日までに収束したが、戦闘は地方に飛び火し、マシャール前副大統領の出身部族であるヌエル族が多数を占める北部三州では、政府軍から離反したマシャール派の部隊が三つの州都を次々と掌握した。その後、ウガンダ軍の支援を得た政府軍が州都を奪還するが、両者の戦闘は各地で続いた。

自衛隊宿営地の前に集まった避難民（防衛省開示文書より）

陸上自衛隊宿営地の緊張が最も高まったのは、年が明けた二〇一四年一月五日のことだった。
陸上自衛隊研究本部が作成した、第五次派遣施設隊の「教訓要報」という内部文書（筆者が開示請求で入手）には、こう記されている。

〈1月5日1835頃、今度はUNトンピン地区の日本隊宿営地近傍でSPLAを脱走したヌエル族兵士と彼らを追跡するSPLA兵士との間で発砲事案が発生した。じ後、UNMISS司令部からUNトンピン地区の警備強化命令が発せられ、ルワンダ隊は日本隊が構築した日本隊宿営地外柵沿いの警戒陣地に歩哨を配置した。／日本隊では発砲事案発生直後から全隊員が防弾チョッキ及び鉄帽を着用するとともに、上記の警備強化命令に応じ、隊長が警備強化命令を下達した〉

実は、この日、地方で政府軍を撃破したマシャール派の大部隊がジュバに向かって進軍している、との情報が陸上自衛隊に入っていた。

第五次派遣施設隊の隊長を務めた井川賢一一等陸佐は、朝日新聞の三浦英之記者のインタビューに応じて、政府軍とマシャール派との戦闘に巻き込まれる事態や、目の前で避難民の虐殺が始まる事態が頭に浮かんだことを明かし、全隊員に武器と弾薬を携行させた上で、「『各自あるいは部隊の判断で、正当防衛や緊急避難に該当する場合には命を守るために撃て』と命じた」と証言した（「朝日新聞」二〇一四年四月二一日朝刊）。

このような状況の中で起きた銃撃戦だったので、緊張は最高度に高まった。隊長の井川は「とうとう始まったか」と思ったという。

約二時間後、銃撃戦はマシャール派によるジュバへの攻撃ではなく、政府軍から脱走したヌエル族の兵士がUNトンピン地区に逃げ込もうとした際、撃ち合いになったものだと判明。井川は、隊員たちを通常任務に復帰させた。

「教訓要報」は、今後の「提言」として、**「UN又はUNMISS司令部よりIDPの保護の要請があった場合、現行の法的枠組みの中でどのような行動ができるか検討が必要で**

ある」と記している。

井川は前出のインタビューで、避難民の虐殺を懸念したものの、「避難民を守るために撃て」とは命令できなかったと話している。人道上の観点と陸上自衛隊に与えられた武器使用権限との狭間《はざま》で苦悩したことがうかがえる。

暴行を受けた女性を保護

教訓要報には、自衛隊の宿営地前でこんな事案が発生したことも記録されている。

ジュバで大統領派とマシャール派の武力衝突が発生してから一週間後の二〇一三年一二月二二日、自衛隊の宿営地前を通りがかったディンカ族の女性三人と、ヌエル族男性一人との間でトラブルが発生したという。

男性が女性の一人を殴打したのを契機に、周囲にいた他のヌエル族の避難民も女性たちに襲いかかろうとしたため、女性たちは自衛隊に助けを求めた。自衛隊は女性たちを宿営地内に引き入れ、一時保護する。

この事件の「教訓」について、「教訓要報」は次のように記述している。

〈現地人同士の暴力事案の処理担当は、第一義的には現地警察、それが機能不全ならばUNMISSの警察部門又は治安安全部門である。しかし、日本隊もUNMISSの一員である以上、目前の暴力事案を傍観することは不適切であり、国内法令が許す範囲で良識的な行動を取らざるを得ない。また、そうした行動が結果として治安回復すなわち我の安全確保につながるとも考えられる〉

この時、陸上自衛隊がとった行動も一種の「文民保護」であった。しかし、当時、日本政府が自衛隊に付与した任務に文民保護はなかった。実施計画に定められた任務にはなかったが、人道的観点から保護したということだろう。「教訓要報」には、今後の「提言等」も記されている。

〈今回は1対1の暴力事案だったため、対応は容易であったが、これが興奮した集団暴行であった場合、あるいは、隠し持たれている銃器等が使用される可能性があった場合等の状況であれば、対応は困難であったと考えられる。したがって、現地人同士の暴力事案に遭遇した場合を考慮し、対応要領の基準を示し、準備をしておくことは

重要である〉

「教訓要報」には、その後作成された「対応要領」を記した文書も添付されている。そこでは、基本スタンスは「介入しない」とした上で、対処はUNセキュリティ等に依頼するが、「被害者が生命の危機に至るほどの集団暴行を認め、やむを得ないと判断した場合のみ」自衛隊が対処するとしている。その場合も、「あくまで日本隊（警衛隊）の安全確保を優先」と強調している。

任務外の行動といえば、UNMISS司令部は当時、国連宿営地への武装勢力の侵入を阻止するために、各国部隊に「火網の連携」（連携して宿営地の防衛に当たること）を指示していた。しかし、この時点では任務遂行型の武器使用が憲法上できないとされていたため、陸上自衛隊はこの命令には応じられなかった。

その後、二〇一四年の憲法解釈の変更と二〇一五年のPKO法の改正で、宿営地の共同防護の実施が可能となり、任務遂行のための武器使用も一部認められるようになった。ただ、先ほど述べたように、避難民を襲撃したり、宿営地への侵入を試みたりするのが政府軍だった場合、武器使用の判断は非常に難しいものになるだろう。

南スーダンは、二〇一三年一二月の大規模戦闘を機に、本格的な内戦に突入した。しかし、日本政府はこれを「武力紛争」と認めず、ＰＫＯ参加五原則は維持されているとして自衛隊の派遣を継続した。「ボタンの掛け違い」はこの時にすでに始まっていたのである。

奇《く》しくも、ジュバで大規模戦闘が勃発した直後、日本では安倍晋三内閣が初の「国家安全保障戦略」（国家安全保障の基本方針文書）を閣議決定していた。同戦略のキーワードは「積極的平和主義」で、国連ＰＫＯについても「一層積極的に協力する」と宣言していた。

そう宣言した矢先に、南スーダンＰＫＯから自衛隊を撤収させてしまったら、国家安全保障戦略の策定にいきなり水を差すことになってしまう――政権がそう考えたとしてもおかしくない。

私が衝撃を受けたのは、政府の行政監視を役割とする国会で、南スーダンで内戦が勃発した問題がほとんど議論されていなかったことである。その結果、「ボタンの掛け違い」が正されることのないまま自衛隊の派遣は継続され、二〇一六年のジュバ・クライシスを迎えることになってしまったのである。

突然の撤収決断

二〇一七年三月一〇日、安倍晋三首相は突如、南スーダンから陸上自衛隊を五月末までに撤収させることを発表した。

撤収の判断については、防衛省・自衛隊の関係者も直前まで知らされていなかったという。次の交代部隊の中心を担う予定だった陸上自衛隊第五旅団（北海道帯広市）も、五月からの派遣に向けて準備を着々と進めていた。

新聞各紙は、治安の悪化と政権にとってのリスク回避が撤収の最大の理由であったと指摘していた。

「毎日新聞」は、「治安悪化が続く中、隊員に死者が出れば『これまで築いた国民の信頼を一瞬で失う』（防衛省幹部）のは確実で、リスク回避の思惑があった。昨年7月に首都ジュバで政府軍と反政府勢力の大規模な武力衝突が起きてからは、南スーダンへの派遣に国民の理解が得られにくくなっているとの事情もある」と指摘。「隊員の安全確保に加え、国民の間で派遣に対する懸念が高まっていることに配慮したというのが実態だ」と結論付けていた（二〇一七年三月一一日朝刊）。

「読売新聞」は、「(撤収の最終判断には)廃棄したとしていた南スーダンPKOの陸自施設部隊が作成した日報が見つかった問題も影響した」「野党側に国会で追及され、安全性を強調する中で、何か起きた場合、責任問題につながることを懸念したのではないか」との自民党の閣僚経験者の見解を伝えた(同日朝刊)。

一方、日本政府は撤収の理由を「ジュバでの施設整備は一定の区切りを付けることができると判断した」などと説明し、治安悪化が理由であるとの見方を否定した。

稲田朋美防衛大臣は国会でこう強弁した。

「今回の活動終了による撤収は、PKO五原則が満たされなくなったからでも、また自衛隊の安全を確保しつつ有意義な活動ができなくなったからでもないということであります。(中略)昨年の七月に大きな武力衝突があったことは事実です。しかしながら、PKO五原則に言うところの戦闘行為があったわけではない、すなわち、PKO五原則は満たされ、そして自衛隊の安全を確保しつつ有意義な活動ができているということでございます」

(二〇一七年三月一三日、参議院予算委員会)

結局、「ボタンの掛け違い」は最後まで正されることがないまま、自衛隊は南スーダンでの活動を終えたのである。

「戦場」におけるメンタルヘルス

海外派遣における隊員のリスクを考える上で見過ごしてはならないのが、PTSD（心的外傷後ストレス障害）などのメンタルヘルスへの影響である。

ジュバ・クライシスを現場で経験した自衛隊員も、高いストレスを受けていた。第一〇次派遣施設隊の成果報告には、ジュバ・クライシス後、睡眠障害や音への恐怖心を訴える隊員が出たことが記されている。

〈宿営地において激しい銃声、砲声、爆発音の聴覚、爆発音に起因した振動の体感、監視カメラのモニター映像の視覚を通じて不安を感じる隊員が見受けられた〉

〈事案後の面談において多くの隊員が口にした事項については、睡眠への不安が最も多く、入眠障害・中途覚醒の症状が多くあった。次に多かった事案が、音への恐怖心であり、ドアを開閉した際の音や、あらゆる大きな音に対して過剰に反応し、その事がイライラへと繋がり隊員間のストレス要素となった〉

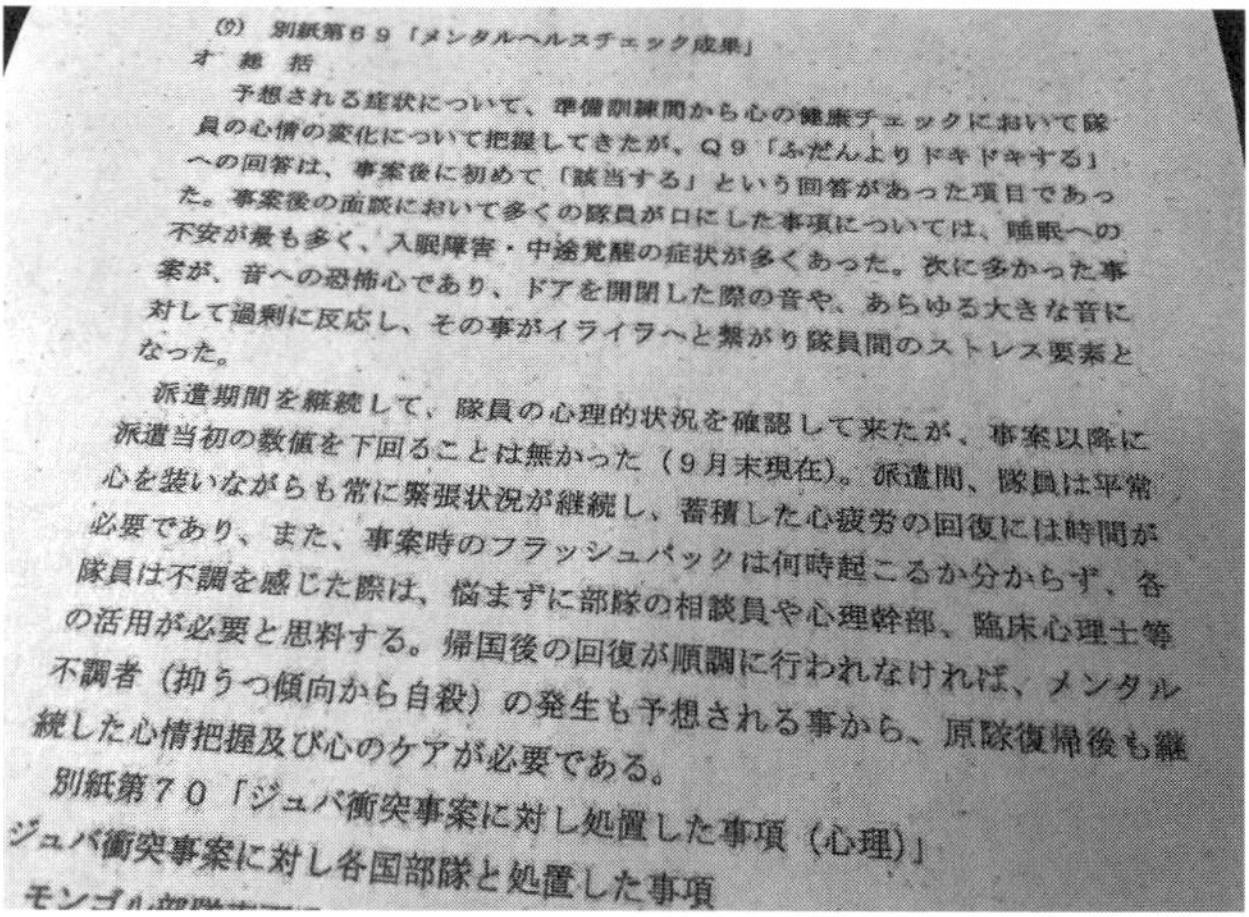

(9) 別紙第69「メンタルヘルスチェック成果」
オ 総括
予想される症状について、準備訓練間から心の健康チェックにおいて隊員の心情の変化について把握してきたが、Q9「ふだんよりドキドキする」への回答は、事案後に初めて「該当する」という回答があった項目であった。事案後の面談において多くの隊員が口にした事項については、睡眠への不安が最も多く、入眠障害・中途覚醒の症状が多くあった。次に多かった事案が、音への恐怖心であり、ドアを開閉した際の音や、あらゆる大きな音に対して過剰に反応し、その事がイライラへと繋がり隊員間のストレス要素となった。
派遣期間を継続して、隊員の心理的状況を確認して来たが、事案以降に派遣当初の数値を下回ることは無かった（9月末現在）。派遣間、隊員は平常心を装いながらも常に緊張状況が継続し、蓄積した心疲労の回復には時間が必要であり、また、事案時のフラッシュバックは何時起こるか分からず、各隊員は不調を感じた際は、悩まずに部隊の相談員や心理幹部、臨床心理士等の活用が必要と思料する。帰国後の回復が順調に行われなければ、メンタル不調者（抑うつ傾向から自殺）の発生も予想される事から、原隊復帰後も継続した心情把握及び心のケアが必要である。
別紙第70「ジュバ衝突事案に対し処置した事項（心理）」
ジュバ衝突事案に対し各国部隊と処置した事項

自殺の発生も予想されると記した第10次隊の「成果報告」

この文書には、ジュバ・クライシスの直後に実施したメンタルヘルス・チェックの結果も載っている。これによると、「夜よく眠れない」と回答した隊員が戦闘前は一〇人だったのが戦闘後は一八人に増え、「ふだんより胸がドキドキする」と答えた隊員は戦闘前にゼロだったのが戦闘後は七人に増えている。

結果的に、勤務の続行が困難になるほど体調を崩した隊員はいなかったものの、継続的なメンタルのケアが必要だと強調している。

〈帰国後の回復が順調に行われなけ

れば、メンタル不調者（抑うつ傾向から自殺）の発生も予想される事から、原隊復帰後も継続した心情把握及び心のケアが必要である〉

私は、第一〇次派遣施設隊の心理カウンセラーが作成した「惨事ストレス対処」に関する教育資料も入手した。

「惨事」を経験すると、「ショック・恐怖への反応」として、以下のような身体的症状が現れると説明している。

〈蒼白、小刻みな震え、身体の硬直、ものが言えない、四肢が動かせない、心拍・脈・血圧の乱れ、胃腸障害、嘔吐と下痢、呼吸活動・汗腺・膀胱・胃液の変化、種々の臓器への血流低下、意識が不鮮明、エネルギー消耗、ものが考えられない〉

教育資料は、これらの症状は「正常な人の異常な状態に対する正常な反応」「決して心が弱いわけではなく、精神的に異常なわけでもない。戦場でがんばれば、誰にでも生じる普通の反応」と強調し、対処法として「すぐに精神科的な治療をするのではなく、戦場で

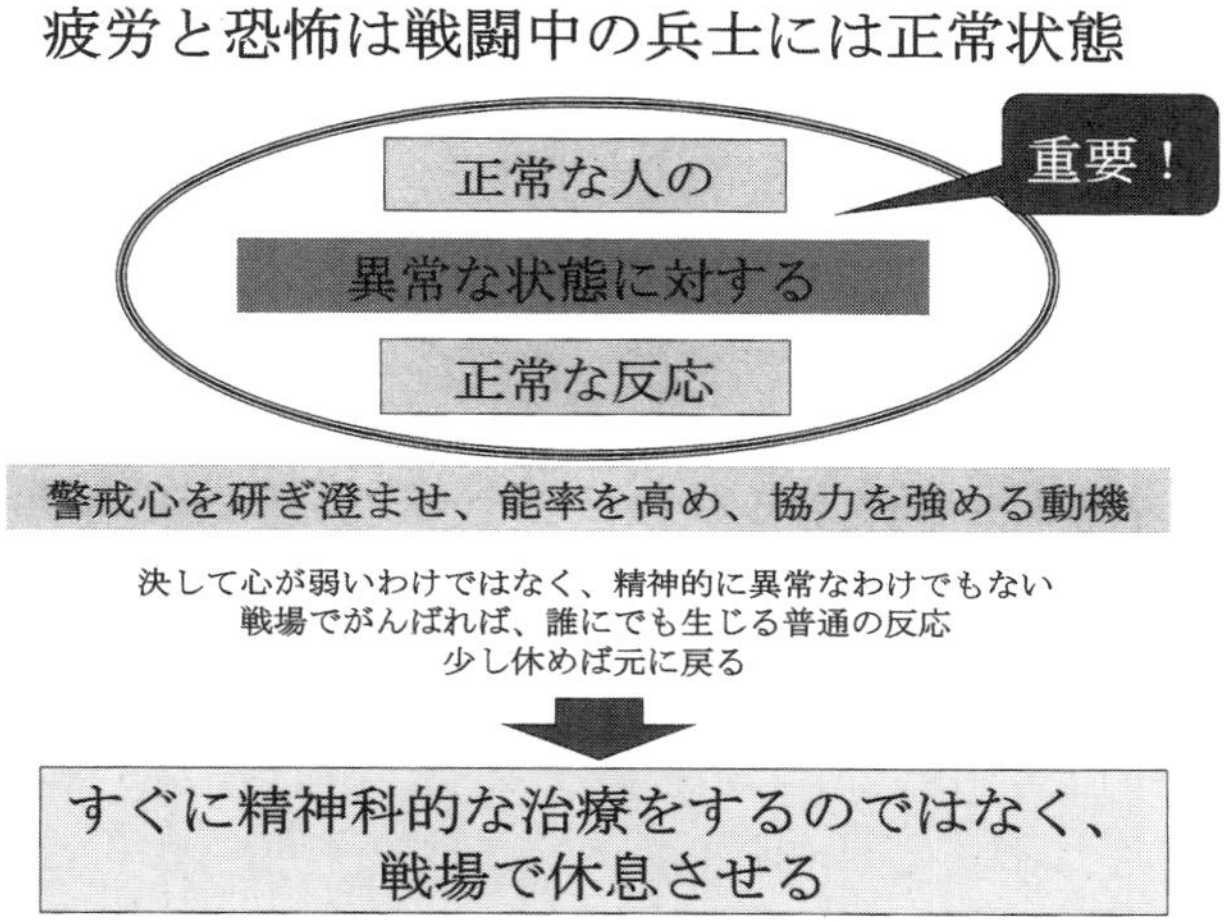
疲労と恐怖は戦闘中の兵士には正常状態
重要！
正常な人の
異常な状態に対する
正常な反応
警戒心を研ぎ澄ませ、能率を高め、協力を強める動機
決して心が弱いわけではなく、精神的に異常なわけでもない
戦場でがんばれば、誰にでも生じる普通の反応
少し休めば元に戻る
すぐに精神科的な治療をするのではなく、
戦場で休息させる

「惨事ストレス対処」に関する教育資料より

休息させる」と記している。さらに、「己の身心と向き合う」「客観的に見る」、そして「仲間に今の気持ちを話す」ということが大事だと説明している。

これはおそらく、米軍の戦闘ストレス対処の教育資料などを参考にして作成したものだと思われる。

米軍の中では、兵士の戦闘ストレス障害が深刻な問題になっている。アメリカを代表する有力シンクタンクのランド研究所が二〇〇八年に公表した「戦争の見えない傷」と題する報告書によると、アフガニスタンとイラクに派遣された兵士の約一九％がＰＴＳＤ

または抑うつの症状を示したという。帰還兵の自殺も多発しており、二〇〇七年には「退役軍人自殺防止法」が制定されたほどだ。

これまで幸運にも海外派遣で一発の銃弾も撃たず、一人も戦死者が出ていない自衛隊では、まだ米軍ほどＰＴＳＤの問題が顕在化していない。だが、自衛隊宿営地がたびたび迫撃砲などで攻撃を受けたイラク派遣では帰国後、自殺者も多数出ている（第二章で詳述）。

自衛隊海外派遣のあり方を考える上では、こうした精神面でのリスクも考慮に入れる必要がある。

隊員・家族の思い

これまで、南スーダンに派遣された陸上自衛隊の部隊が作成した日報や教訓収集レポート、成果報告などの公文書をもとに、自衛隊の活動地域で大規模な戦闘が発生した事案について検証してきた。

私は、二〇一六年七月のジュバ・クライシス当時、実際に現地で教訓収集レポートを作成していたという元自衛隊員に直接話を聞くことができた。

この元隊員は、小山修一・元一等陸佐（五七歳）である。

陸上自衛隊の教訓業務を統括する研究本部（現・教育訓練研究本部）に勤務していた小山は二〇一六年六月、第一〇次派遣施設隊の教訓収集要員として南スーダンに派遣された。そして、七月のジュバ・クライシスを迎えたのである。

すでに述べた通り、自衛隊宿営地のすぐ横に建つビルをマシャール派が占拠し、高層階から地上の政府軍兵士を銃撃。それに対して政府軍は戦車砲や迫撃砲をビルに撃ち込むなど、激しい戦闘が繰り広げられた。

小山は、こう証言する。

「砲弾の着弾がかなり近くに感じたので、日本隊宿営地に砲弾が誤って落ちなければいいなと思いました。着弾の爆発音と衝撃はすさまじく、地面や建物が大きく揺れました。当初は隊員たちも動揺を隠しきれない様子でしたが、時が経つにつれて幾分か慣れてきた様子でした。私自身は直接、ＰＫＯ部隊を狙った攻撃ではないと思っていたので、それほど恐怖は感じませんでしたが、後から日本隊宿営地近傍のルワンダ隊宿営地に砲弾が落ちて負傷者が出たことや、国連ハウス地区の中国隊の隊員に死者が出たことを知らされ、非常に驚きました」

ＵＮＭＩＳＳの地域司令部から自衛隊に、マシャール派の狩り出しのために南スーダン政府軍が国連トンピン地区に攻撃を仕掛けてくる可能性があるという情報が入った時のことも、鮮明に覚えていると話す。

「これはヤバいと思いました。隊本部の会議の場でそのことが報告されたのですが、一瞬にして緊張した空気に包まれ、みんな真剣な顔つきに変わりました。あの時の、何か覚悟を決めたような張り詰めた雰囲気は今でも忘れられません」

もし本当に南スーダン政府軍が国連トンピン地区を襲撃していたら、自衛隊はどう対応していたのだろうか。小山を含めて大多数の隊員は、隊長の指示で武器を携行せずにシェルター（退避壕）に退避していたため、襲撃があっても「何のリアクションも起こせなかっただろう」と話す。

しかし、シェルターには入らず、外で宿営地の警備に就いていた一部の隊員については、状況によっては武器を使っていたかもしれないと指摘する。

「もし政府軍の兵士が（国連トンピン地区全体の警備を担当する）ルワンダ隊の警戒線を突破して日本隊宿営地内に侵入し、銃撃してきたならば、自衛目的の必要最小限の武器の使用は行っていたかもしれません。しかし、これは当然、法的にも認められる範囲です」

当時、自衛隊宿営地のすぐ外に多くの避難民が滞留していた。彼らが政府軍の襲撃を受けたとしても、自衛隊にはその保護まではできなかっただろうと小山は話す。

「日本政府からは文民保護という任務は与えられていませんでしたから。文民を保護するという訓練も行ってはいませんでした。隊員は目の前で起きる惨劇に何を為《な》すべきか、葛藤するでしょうが、おそらく現地住民は見殺しになっていたのではないでしょうか」

教訓収集要員として南スーダンに派遣された小山修一氏＝ジュバの自衛隊宿営地で（小山氏提供）

現場の部隊はジュバ・クライシスについて、「激しい銃撃戦」と日報に記して報告していた。しかし、日本政府は戦闘の発生を否定し、「散発的な発砲事案」と称していた。小山は、自分たちが一時、危険な状況にあったことが否定されているような気がしたと振り返る。

ジュバ・クライシスが収束してからしばらくして、現場の部隊にも「戦闘」という言葉を使用しないようにとの指示が日本から来たという。これは、私が一回目の情報公開請求を行った時期と重なる。

「上級司令部が政治に何か忖度《そんたく》しているように感じました。隊員の反応は冷ややかでしたね。最初に指示された言葉は『発砲事案』だったので、これには大いにウケていました。旧日本軍の大本営発表と変わらないと揶揄する者もいました」

小山は、日本政府はありのままの事実を国民に説明するべきだと話す。

「本来なら、あの激しい戦闘の中でも一人の犠牲者も出さずに任務を完遂して帰ってきたのは誇れることなのに、（政府が「戦闘」を否定したことで）いてはならないところから帰ってきたようで、話すことが憚《はばか》られる空気がありました。政府には、ごまかしたり隠したりするのではなく、きちんと事実を国民に説明してほしい。そうでなければ、厳しい状況の中でも任務を完遂した一人ひとりの隊員に失礼だと思います」

小山は、話すことができない現役の隊員たちに代わって現場の真実を国民に伝えようと、二〇一九年に陸上自衛隊を退官した後、手記『あの日、ジュバは戦場だった』を出版した。

小山によると、二〇一六年一一月下旬にジュバに到着した第一一次派遣施設隊の隊員たちも、ジュバ・クライシスに関する詳細な情報を知らされていなかったという。自衛隊宿営地近傍で激しい銃撃戦があったことや国連トンピン地区内にも砲弾が着弾したことを現地に来て初めて知り、このような重要なことをなぜ派遣前に教えてくれなかったのかと憤慨する隊員もいたと明かす。内戦が再燃した上、第一一次隊には駆け付け警護というリスクの高い新任務が付与されたのだから、隊員が憤慨したのは当然だろう。

私が取材した第一一次派遣施設隊の隊員の父親も「現地で戦闘があったなんてまったく聞いていない」と憤っていた。「激しい戦闘があったなんて言ったら、『行かない』と言う隊員が増えるから隠したんでねぇかな。今でも、稲田（防衛大臣）はここさ来て謝れ、と思うよ」と語気を強めた。

青森空港で息子の出国を見送った時には、「これが最後になるかもしれない」との思いが頭をよぎり、とっさに二人で写真を撮ったという。

治安が不安定な海外の紛争地への派遣は、隊員はもちろんだが、家族にもある種の覚悟を迫る。隊員と家族に現地の正しい情報を伝えるというのは、派遣を命じる政府が果たさなければならない最低限の責任である。それをしなかったというのは、派遣される隊員やその家族に対する背信行為であった。

小山が加わった第一〇次派遣施設隊は、ジュバ・クライシスで国連トンピン地区に避難してきた文民のためにテントを張り、食料や飲料水を提供し、トイレを設置するなどの人道支援を行った。また、ＵＮＭＩＳＳ本部とそこに併設された文民保護区（避難民キャンプ）を外部の脅威から守るための外壁なども構築するなど、ＵＮＭＩＳＳの筆頭任務である文民保護にも多大な貢献をした。

さらに、ＵＮＭＩＳＳに加わる他国軍部隊のための退避壕の建設や給水支援なども実施した。活動期間の終盤には、道路整備などの工事に用いる「マラム」と呼ばれる土を、ジュバから約二〇キロ離れた郊外の村で採取し、国連トンピン地区の集積場まで運搬する任務を請け負った。

内戦再燃という厳しい状況の下でこうした活動を献身的に行った隊員たちに、「いてはならないところから帰ってきたようで、話すことが憚られる」と思わせてしまうような現状は、どう考えても正常ではない。

インタビュー①　第一〇次南スーダン派遣施設隊隊長・中力修氏に聞く

隊員の安全確保を第一に

――二〇一六年七月のジュバ・クライシスの時の状況を教えてください。

日本隊宿営地近傍で、戦車の砲撃を含めて（政府軍と反政府軍の）銃撃戦が発生しました。隊員たちは基本的に、私の指示で宿営地内の安全な場所に避難していました。緊張はしましたが、（攻撃が）日本隊を狙ったものではないということはすぐにわかりましたので、そこは安心していました。ただ、（戦闘が収まった後に）宿営地内の一斉検索をしたら銃弾が何発も見つかったので、危険な状況であったというのは否定できません。

――こういった事態が起きるということは想定していましたか。

治安の悪いところに行くというのは我々も当然認識していますので、不測事態のための訓練はやっていました。実際、五次隊の時もジュバで衝突があったので、そういうことが起こり得るというのは認識していました。

中力修氏（筆者撮影）

――戦闘中、指揮官として何を考えていましたか。

とにかく、隊員の安全確保を第一に考えていました。私は派遣前、隊員の家族一人ひとりにハガキを書いて、「ちゃんと連れて帰ります」と約束していました。隊員に何かあれば家族が悲しむことになるので、そうならないようにするのが隊長としての責任だと思っていました。

――日報には「戦闘」という記述もありますが、日本政府は「散発的な発砲事案」と説明しました。これについて、どう思いましたか。

それについて私は答える立場にありません。私は一般的な意味で「戦闘」という言葉を使っただけです。

――自衛隊の教訓収集レポート（七〇ページ）には、政府軍がマシャール派の狩り出しのために国連トンピン地区を襲撃する可能性がある、という情報がUNMISSから伝えられたと記されています。実際に政府軍が襲撃してきたら、どう対処するつもりでしたか。

すみません、そこの細かい部分はお答えできません。でも、そういった対処は考えていました。ただ、どう対処するかということはＵＮＭＩＳＳ司令部の判断になりますので、私の勝手な判断で自衛隊が対処することはできません。

——武器使用権限がＵＮＭＩＳＳ全体と違っていることにやりにくさは感じましたか。

我々は歩兵部隊ではなく施設部隊ですので、そこは問題ありませんでした。

——指揮官として苦労したことはありますか。

我々が活動したのが雨季だったこともあり、宿営地外での道路補修の工事が少なく、国連施設の整備が大半でした。国連施設の整備は、現地の人たちと直接触れ合うことがないので、当初は活動に疑問を抱く隊員もいました。やはり、現地の人たちの困難な状況を目の当たりにし、幸せになってもらいたいという思いが隊員たちの中に強くあったのです。

それに対しては、ＵＮＭＩＳＳの他の部隊がしっかりと活動できる基盤を作ることで南スーダンの発展に寄与できると説明しました。そこを隊員にどう納得させるかが、少し苦労したところでした。

——今回の派遣で感じた自衛隊の「強み」は何でしょうか。

一つは規律です。ＵＮＭＩＳＳの各国の部隊の方から、「日本隊はすごい」と直接言われました。もう一つは、技術力です。日本の施設隊の技術力は、ＵＮＭＩＳＳで非常に高い評価を受けていました。こうした強みは将来的にも活《い》かしていけると思います。

――今後、日本は国連ＰＫＯにどのような貢献を行っていくべきだと思いますか。

今後のことは、私が言える立場ではありません。ただ、これまでの自衛隊の活動は国連や各国から高い評価や信頼を得ているので、引き続きＰＫＯに貢献していくことは重要だと私は考えています。

第二章　イラク派遣

強烈な印象が残っている場面がある。

二〇〇四年一一月一〇日に国会で行われた「党首討論」。当時、野党第一党であった民主党の岡田克也代表の質問に小泉純一郎首相が答えた。

岡田「イラク特措法における非戦闘地域の定義を言ってください」

小泉「イラク特措法に関して言えと、法律上、言うことになればですね、自衛隊が活動している地域は非戦闘地域なんです」

序章で述べたが、陸上自衛隊がイラクに派遣された当時、同国では米軍が主導する多国籍軍と、その占領に抵抗する武装勢力との戦闘が全土で続いていた。そのため、イラク特措法では、自衛隊の活動地域は「現に戦闘行為が行われておらず、かつ、そこで実施される活動の期間を通じて戦闘行為が行われることがないと認められる地域」（略称＝非戦闘地域）に限定された。この縛りをかけることで、自衛隊が戦闘に巻き込まれて憲法九条が禁じる武力行使をすることや、自衛隊の活動が多国籍軍の武力行使と一体化することを回避しようとしたのである。

民主党の岡田代表は、「非戦闘地域」の定義を確認した上で、陸上自衛隊が派遣されているサマーワの実情はその要件を満たしていないのではないかと追及するつもりだった。

だが、小泉首相は法律上の定義を正確に述べることなく、「自衛隊が活動している地域は非戦闘地域なんだ」と根拠も示さずに強弁した。議場はざわついた。

議長が「御静粛にお願いします。御静粛にお願いします」と二度繰り返した後、岡田代表は質問を続けた。

岡田「総理、この問題は私、いつか官邸で一度総理に申し上げたことあるんですよ。非戦闘地域の定義は、現に戦闘行為が行われておらず、ここまではいいですね、かつそこで実施される活動の期間を通じて、つまり一年間です、戦闘行為が行われることがないと認められる地域なんです。ですから、私が総理に聞いたのは、これから一年間サマワにおいて戦闘行為が行われないと、そういうふうに言う根拠は何ですかと聞いているわけです。どうですか」

小泉「それは、将来のことを一〇〇％見通すことはできません」

あの時、非戦闘地域という派遣の要件が崩壊していると思ったのは、私だけではなかったはずだ。

では、陸上自衛隊の派遣先であったサマーワの実態はどうだったのだろう。

隠された「戦闘」

二〇一八年四月中旬、防衛省はそれまで「存在しない」としてきた陸上自衛隊イラク派遣の「日報」を公表した。

二〇〇六年一月二二日の日報には、「最近のサマーワ治安情勢」と題して、こう書かれている。

〈1622、ポリス通りで英軍に対し小火器射撃、爆発。1630、小火器射撃継続。イラク警察との共同パトロールを実施、小火器射撃を受け応射（死亡2、負傷5）〉

最近のサマーワ治安情勢―3

【英軍と武装勢力の銃撃戦】（21日）
○1622、ポリス通りで英軍に対し小火器射撃、爆発。1630、小火器射撃継続。イラク警察との共同パトロールを実施、小火器射撃を受け応射（死亡2、負傷5）。
○関連情報①
●1630頃、サドル派事務所付近に英軍車両が停車し、周囲をパトロールし始めたことに反感を持ったJAM（サドル派民兵）が射撃し始めたことに端を発して、戦闘が拡大、イラク警察及びイラク陸軍が治安回復のために介入。
●死亡したのはタクシードライバー。英軍に誤射され死亡した模様。
○関連情報②
1320、PJOCに対し小火器射撃。1620、ハイダリア地区のイラク警察検問所に対し小火器射撃。1627、同検問所200m付近でIED爆発。数分後、英豪軍とイラク警察が共同パトロールを行なったところ、小火器及びRPGを持った武装勢力と交戦、死亡3、負傷5。1711、PJOCに対する小火器射撃
2315、PJOCに対する小火器射撃。

【英豪軍の状況】
○脅威認識の変化状況（昨日（21日）→本日（22日））
[redacted]
○コメント
21日の事案は、サドル派民兵多国籍軍の反応を確認するために攻撃したもの。彼らはPJOC（県統合作戦センター）を敵の象徴とみなし、これを攻撃することで多国籍軍排除しようとしており、PJOC攻撃継続の可能性あり。

交戦があったことを報告するイラク派遣の2006年1月22日の日報

イギリス軍が銃撃を受けて反撃し、銃撃戦になったというのである。この交戦で、七人の死傷者が出ている。また、「関連情報」として、「サドル派事務所付近に英軍車両が停車し、周囲をパトロールし始めたことに反感を持ったＪＡＭ（サドル派民兵）が射撃し始めたことに端を発して、戦闘が拡大」との記述もある。

サドル派は、米軍を中心とする多国籍軍の駐留に反対するイスラム教シーア派の一大勢力で、「ＪＡＭ（マフディー軍）」という大規模な民兵組織も擁していた。

この日は、サマーワ市内のＰＪＯＣ（県統合作戦センター）でも戦闘が発生し

たことが記されている。

〈1320、2名の者がPJOCの英軍哨所に対し約30発の小火器射撃し、逃走。応射、負傷者なし〉

日本政府は、サマーワとその周辺地域が非戦闘地域にあたるとして、約二年半にわたって自衛隊を派遣した。しかし、実際には、サマーワ市内でも多国籍軍と反多国籍軍勢力の戦闘が発生していた。この重要な事実が、陸上自衛隊がイラクから撤収してから一二年後に公表された日報によって、初めて明らかになったのである。

いきり立った野党各党の議員は、「これでも『非戦闘地域』だったと言えるのか」と政府への追及を強めた。

だが、政府は、戦闘はあくまで散発的、偶発的なもので「イラク特措法に言う戦闘行為には当たらない」として、「自衛隊が活動した地域は『非戦闘地域』の要件を満たしていた」と強弁した。

消えた日報と「もう一つの日報」

防衛省が公表したイラク派遣の日報は、四七二日分である。これは全派遣期間の約半分に過ぎない。残りの分は、省内をくまなく探したが見つからなかったという。

特に、陸上自衛隊宿営地への攻撃が多発した二〇〇四年四月から二〇〇五年一月までの日報は、たったの五日分しか公表されていない。これではイラク派遣の検証が十分にできない。極めて遺憾である。

一方で私は、イラク派遣当時、陸上幕僚監部が日報をもとに「現地部隊活動状況」という名称の文書を、毎日作成していたという情報を独自につかんだ。この文書を防衛省に情報公開請求した結果、こちらは二〇〇四年四月から二〇〇五年一月の分もすべて保存されており、一部黒塗りの上で開示された。

開示された文書を見て、驚いた。一日あたりのページ数は日報よりも少ないものの、文書の形式が日報と瓜二つ《うりふた》だったからである。そこで、公表されている五日分の日報と、それをもとに作成された翌日分の陸上幕僚監部作成の文書を比べてみると、後者は前者の主だったページをそのまま転載したものであることが判明した。日報はないが、日報から主要な部分を転載した文書は存在していたのである。

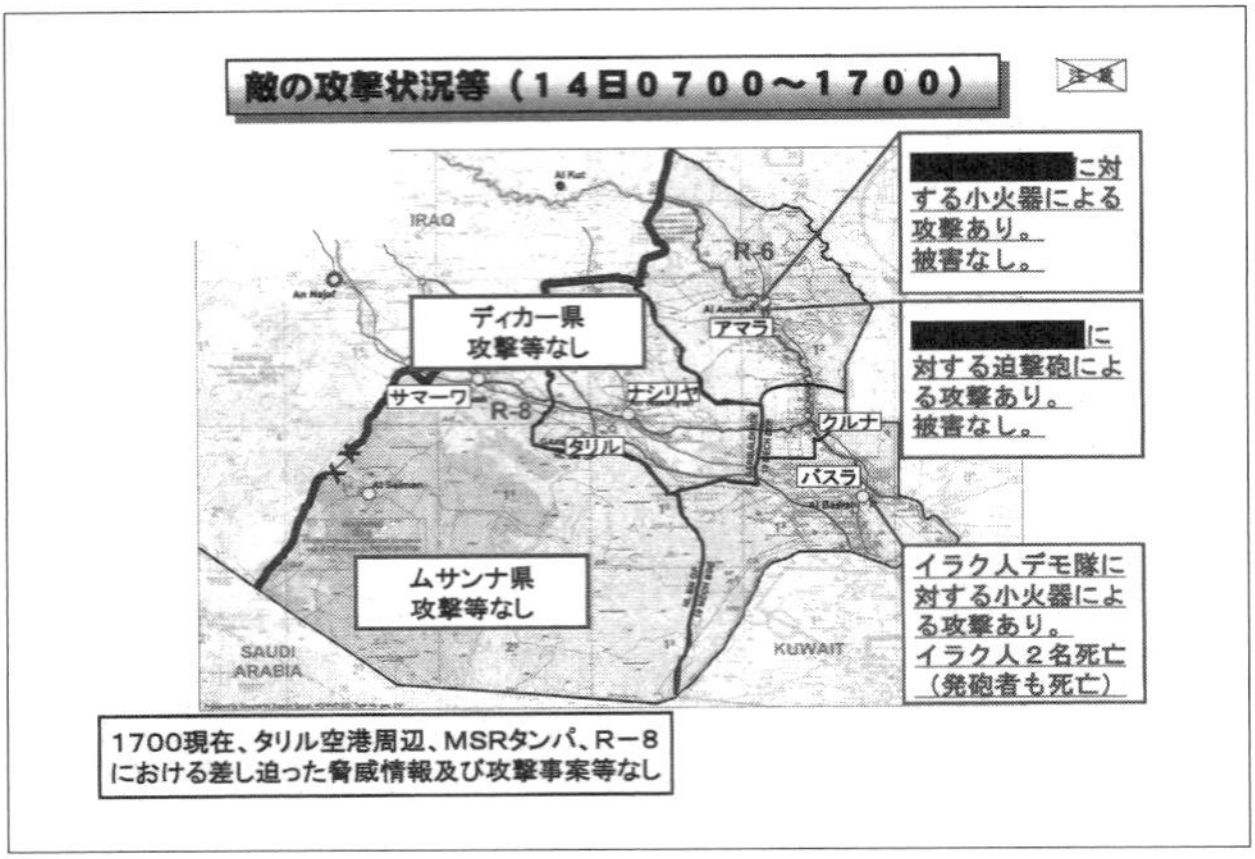

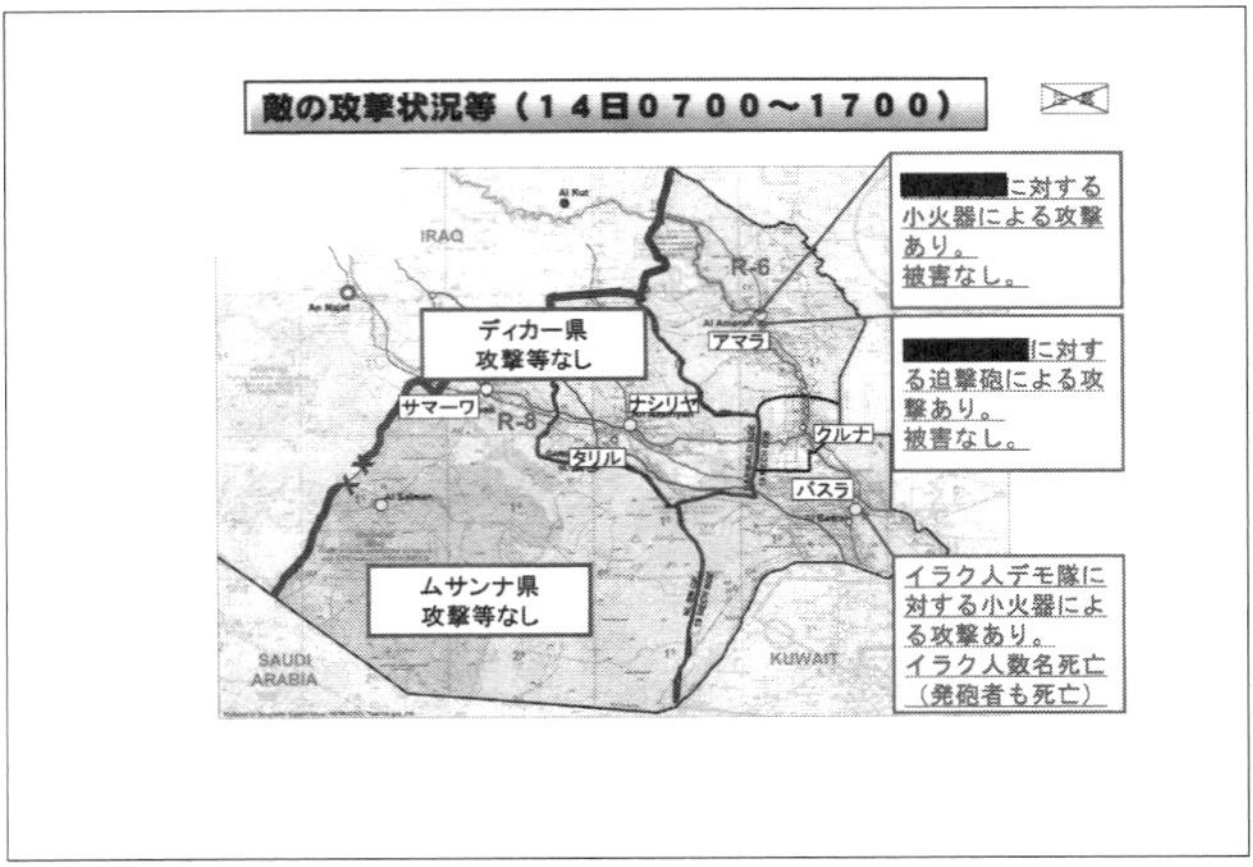

イラク派遣部隊が作成した「日報」（2004年7月14日＝上図）と陸上幕僚監部が作成した「現地部隊活動状況」（同7月15日＝下図）。後者は「日報」の一部をそのまま転載して作成していることがわかる。

これを読むと、イラク派遣の最初の部隊（第一次復興支援群）が活動していた時期から、サマーワでは戦闘が発生していたことがわかる。

例えば、二〇〇四年四月一二日付の「現地部隊活動状況」では、「**CPA攻撃事案の発生地域**」と題して、サマーワ市内の地図に「**9日の交戦が実施された地域**」が書き込まれている。サマーワ市内のCPA（連合国暫定当局＝占領軍）の本部が武装勢力の攻撃を受け、交戦が発生していたのである。

さらに、四月三〇日付の同文書では、前日二九日の未明に、陸上自衛隊宿営地に対する迫撃砲攻撃が発生し、宿営地北側の外柵近くに着弾したことが報告されている。「全国の攻撃状況」というタイトルのページには、「**サドル派民兵による襲撃、あるいはこれに乗じた勢力によるものと思われる攻撃が中南部及び南東部を含む全国規模で発生**」「**南東部地域：アマラ、バスラ及びサマーワで迫撃砲・ロケット弾攻撃**」という記述がある。サマーワだけでなく、イラク南東部の他の地域でも攻撃が発生していたのである。

六月五日付の同文書では、「サマーワ治安情報」と題して、あるサドル派宗教指導者についての生々しい評価が記されている。

評価の対象とされているのは、サマーワ近郊のルメイサという町に住むファディール・

連合軍と現地武装勢力との交戦があったことを報告する2004年4月12日付の「現地部隊活動状況」

アシャーラ師。同氏を「陸自や蘭軍を攻撃したサドル派民兵の黒幕の可能性がある人物で、ムサンナ県のサドル派宗教指導者の実質的トップの人物」と評価。「彼はサドル派民兵達を操り、更に徴兵を実施している。仮に連合軍が彼を逮捕しようとしても隣人達が彼を逃がすために支援する可能性あり」「彼を排除しようと試みた場合、サマーワにおける攻撃が激化する可能性があるためアシャーラ師の取り扱いには慎重を期す必要性あり」と記している。

「もう一つの日報」とも言える陸上幕僚監部作成の「現地部隊活動状況」。この文書からは、陸上自衛隊が宿営地に対する迫撃砲やロケット弾による攻撃をサドル派民兵によるものと疑い、同派の動向に常に注意を払い、情報収集を行っていたことが読み取れる。

米軍は当初から、占領に反対するサドル派を「敵視」していた。二〇〇四年三月末に同派の新聞を発禁処分にし、四月初めには指導者のムクタダ・サドル師の逮捕状を出している。イラクを管轄する米中央軍のアビザイド司令官は「米軍の目標はサドル師の逮捕か殺害だ」と断言した。四月末には、サドル派の拠点でイスラム教シーア派の聖地でもあるナジャフを約二五〇〇人の部隊で攻撃。戦闘は八月末まで続いた。

サマーワを始めサドル派がいる地域で多発していた多国籍軍に対する攻撃は、ナジャフでの大規模な戦闘と連動しており、「散発的、偶発的」なものではなかった。

初めての宿営地攻撃

防衛省が二〇〇九年七月に国会に提出したイラク派遣に関する報告書には、陸上自衛隊の宿営地に対する迫撃砲やロケット弾による攻撃が、計一四回あったと記されている。

迫撃砲やロケット弾による攻撃を受けた時、現地の部隊はどのように対処したのだろうか。

私は、二〇〇四年四月七日に陸上自衛隊の宿営地が初めて攻撃を受けた際の、部隊の対処を時系列で記録した「クロノロジー」を入手した。これをもとに、その他の陸上自衛隊の内部文書から得た情報を加味して、当時の緊迫した状況を再現してみたい。

【四月七日】

二三時過ぎ、隊員の多くは眠りにつき、砂漠のど真ん中にある宿営地はひっそりと静まり返っていた。そんな中、突然、「ドーン」という破裂音が二発立て続けに鳴り響く。時刻は二三時一三分。約一分後、三発目の破裂音。

八分後、全部隊が特別の警戒態勢に移行。隊員たちは、あらかじめ定められた対応マニュアルに従い、鉄帽と防弾チョッキを着用し、宿泊用の天幕（テント）から避難先に指定された装甲車に移動する。

「CP（コマンド・ポスト）」と呼ばれる作戦指揮所には、群長を始め部隊の幹部たちが詰める。「弾着音らしき音を三発確認。一発は運河または対岸から聞こえた」――宿営地近くの運河で歩哨（警戒任務）に立っていた隊員から第一報が入る。

二三時二八分、攻撃があったことを、まずはバスラの多国籍軍南東司令部に通報。

二三時三〇分、不測の事態にただちに対応する「QRF（緊急即応部隊）」に指定された二四人の隊員たちが集合し、いつでも出動できる態勢に就く。

二三時三七分、「全部隊異状なし」を確認。群長の番匠《ばんしょう》幸一郎《こういちろう》一等陸佐が陸上幕僚監部の防衛部長に電話をかけ、状況を報告する。

イラク派遣では緊急事態の発生を想定してQRF（緊急即応部隊）が編成された（防衛省開示文書より）

【四月八日】

深夜一時一〇分、「CP（指揮所）」が「WAPC（装輪装甲車）」に移動。隊員たちも装甲車の中で夜を明かす。

七時過ぎ、宿営地内に不発弾などが落ちていないかを調べる「一斉検索」を開始。八時前、異状がないことが確認された。

歩哨に就いていた隊員や宿営地で働く地元のイラク人らの証言によると、三発のうち一発は運河の対岸側に着弾し、残り二発は運河と宿営地の間に着弾したものの破裂はしなかった可能性が高いと見られた。

八時五七分、一つ目の着弾地点を発見。弾痕と目撃証言から、弾種は「ＷＰ（白リン）弾」と断定された。

一一時二七分、二つ目の着弾地点を発見。弾痕内で見つかった尾翼の形状から、弾種は「八二ミリりゅう弾」と断定された。

一二時一五分頃、発射地点が見つかる。八二ミリ迫撃砲の底板、信管のキャップ、弾薬箱（りゅう弾三発入り×二箱）などが置き去りにされていた。

この八日の夜も、緊迫した状況は続いた。

一八時一五分、派遣部隊幹部の臨時会議。バグダッド西方のファルージャ近郊で日本人三人が武装勢力に拘束されたことが報告され、群長はサマーワ市内の邦人の保護を指示。

二一時三〇分頃、サマーワに滞在中の日本のプレス八社一七人、イラク人四人の計二一人を宿営地に収容。

二二時二五分、ＣＰにいた複数の隊員が爆発音らしき音を確認。その直後に、サマーワ市街地にあるＣＰＡ（連合国暫定当局）の建物付近で銃撃戦が起こったという情報が入る。自衛隊宿営地で聞こえた爆発音は、武装勢力が撃ったＲＰＧ（対戦車ロケットランチャー）

自衛隊の宿営地内に迫撃砲が着弾したこともあった（防衛省開示文書より）

二発の爆発音だった。

【四月九日】

深夜〇時四三分、宿営地の第一ゲートより、「赤いセダンの車両、取り付け道前方の道路右から左方向へ高速で通過。通過の際、3発の小銃弾らしきものを発射」と報告が入る。続いて二時四分には、運河の方向で曳光弾が五～六発撃たれたことが確認された。さらに、二時二二分、CPA方向から三～四発の銃声。

九日朝の作戦会議で、番匠群長はこう語った。

「本日は、もっとも危ない日である」

4月7日～8日　の　活　動　経　過

時　間	コール	行　動　等
２３１３		破裂音２発
２３１４		破裂音１発
２３２０		警衛隊異常なし
２３２２		[redacted]に移行
２３２２		[redacted]
		警務異常なし
		衛生異常なし
		運河ポストより、破裂音３発、弾着音らしき音３発確認 １発は運河又は対岸に弾着のような音
		給水隊異状なし
２３２７		業務支援隊異状なし
２３２８		バスラへの通報
２３３０		ＱＲＦ[redacted]
		施設隊異状なし
		本管中隊異状なし
２３３５		警備中隊異状なし
２３３７		[redacted]全部隊異状なし
１１３８		群長から防衛部長に電話、状況を報告
２３３９		弾着は宿営地と運河の間に２発、運河と線路の間に１発
		発射音は北東から聞こえた。（運河Ｂポイントの警戒員）
		イラク警察は１名を第１ゲイトに残し、運河沿いの偵察に前進
２３５０		命令下達
２３５７		命令下達終了
２３５８		２３５５、ＱＲＦ[redacted]
００００		イラク警察３両が巡察開始、２両が第１ゲートに待機
００３７		（群長指示）[redacted]
		[redacted]
００４３		イラク警察３両は、運河北側地域で巡察
００５０		[redacted]、警衛所へ前進、掌握
００５３		０１００より各隊は１ｈごと異常の有無を報告せよ。
００５６		各隊車両に入ってない隊員は防寒の処置をさせよ。
０１００		[redacted]
		[redacted]
０１０２		各ゲート、各ポスト異状なし
０１１０		ＷＡＰＣにＣＰを移動
０１２０		[redacted]
０１２５		群長から防衛部長へ状況報告、異状なし。
０１５３		[redacted]
		[redacted]
０２０９		警備中隊人員器材異状なし。
０２１７		[redacted]
０２２３		[redacted]異状なし
０６００		[redacted]
０６２０		（陸幕情報）１０５４ｊｉｊｉニュース、イラク警察によると、弾着地は
		陸自宿営地近傍に、迫撃弾のようなものが落下した。宿営地から７ｋｍ離れた
		キャンプスミッティ近くでも爆発があった。
０６３０		作戦会議、[redacted]に移行
０６４９		作戦会議終了、時期会議１３００（運幹集合１１００）
０７１５	衛生隊	一斉検索態勢完了
０７１７	衛生隊	一斉検索開始
０７２０	本管中隊	一斉検索開始
０７２０		[redacted]
０７２７		広報官[redacted]宿営地より第１ゲート到着（取材対応）
０７２９	給水隊	一斉検索終了異状なし
０７３０	Ｊ３	着弾地域検索宿営地出発
０７３７	衛生隊	一斉検索終了異状なし
０７３８	Ｊ３	着弾地域検索開始
０７４０	施設隊	一斉検索終了異状なし
０７４０	本管中隊	一斉検索終了異状なし
０７４１	業支隊	一斉検索終了異状なし
		宿営地内の一斉検索終了異状なし、[redacted]

現地部隊が作成した「クロノロジー」

このように、事実経過を羅列しているクロノロジーを追うだけで、現場の緊迫した空気が伝わってくる。法的な解釈は別にして、四月七日の夜から九日の朝にかけてサマーワは間違いなく「戦地」と化していた。

自衛隊にも迫っていた交戦の危機

宿営地に対する迫撃砲やロケット弾による攻撃は遠隔地からなされるので、一方的に被害を受けることはあっても、ただちに敵との交戦に至ることはない。

しかし、現場にいた自衛隊員たちが交戦を覚悟するような「あわや」という場面もあった。

防衛省のミスで黒塗り前の原文書が開示された「イラク行動史」では、武器の使用が考えられた事案として、二〇〇五年一二月四日にルメイサ市のサドル派事務所付近で発生した抗議行動を挙げている。

この日は、陸上自衛隊が補修を行ったルメイサ市内の養護施設で、ムサンナ県知事や陸上自衛隊の復興支援群長などが参列して竣工式《しゅんこうしき》が開かれることになっていた。

派遣部隊が作成した別の報告文書によると、先発隊が現場に到着して竣工式の準備を始めたところ、近くのサドル派事務所の前で同派のメンバーと思われるイラク人から車両を蹴られたり、ミラーを割られたりするなどの敵対的行動を受けたという。

それからしばらくして、復興支援群長が現場に到着し、竣工式が始まる。すると、サドル派のメンバーと思われる約五〇人の群衆が近くに集まり、陸上自衛隊に対する抗議行動を開始。養護施設の前に駐車していた一三台の陸上自衛隊車両に向かって投石などを始めた。

「イラク行動史」では、この時のことを次のように記している。

〈17年12月4日、ルメイサのサドル派事務所付近において、群衆による抗議行動、投石等を受け、車両のバックミラー等が破壊された。この際、小隊長以下警備小隊の隊員は、投石する群衆の他に銃を所持している者を発見し、これに特に注意を払う等、適確に現場の状況を把握しながら冷静に行動した（銃を所持している者は部隊に銃口を向けることはなかったため、弾薬装填は実施せず）。背景として、FTC[*1]を含め、類似した状況を反復して訓練した実績があった〉

＊1　ＦＴＣは、山梨県の陸上自衛隊北富士駐屯地・演習場にある富士訓練センターの略称。イラク派遣中は北富士演習場内に「模擬サマーワ宿営地」が設置され、派遣前の実践的な訓練を実施した。

ルメイサ事件の現場で自衛隊が撮影した映像（防衛省開示文書より）

前出の報告文書にも「隊員と至近距離で対峙した群衆の中で武器を携行している者は確認できなかったが、遠巻きに見ていた者2～3名が武器を携行していたのを視認」と書かれている。警備を担当する隊員らは、目の前のデモの群衆ではなく、その周囲で銃を手にしている者の動きに神経を集中させていたのである。

結果的に、銃口を向けられることはなかったため、隊員らは武器使用に向けた最初の手順である「弾薬の薬室装填」を行わなかった。逆に、銃口を向けられていたら、弾薬を装填し、安全装置を外し、引き金を引いていたかもしれない。

これが米軍だったら、銃口を向けられていなくても、投石するデモ隊の頭上に向かって警告射撃をしていた可能性が高い。なぜなら、当時は憲法上の理由から「自己保存型の武器使用」（正当防衛と緊急避難）しか認められていなかった自衛隊と異なり、米軍は「任務遂行型の武器使用」も認められているからだ。前者は「急迫不正の侵害」がないと武器を使えないが、後者は任務遂行を妨害する者を排除するために武器を使える。

しかし、相手に危害を与えない警告射撃であったとしても、その一発から本格的な銃撃戦に発展してしまうことは紛争地では珍しくない。ルメイサの現場にいた隊員の中にも、「ここで1発撃てば自衛隊は全滅する」と思った者がいたという（「朝日新聞」二〇一五年八月二〇日朝刊）。

最終的に、イラク警察がサドル派の群衆を引き離し、陸上自衛隊は無事にその場を離脱することができた。武器を使用せずに危機を脱することができれば、それがベストである。

陸上自衛隊が武器を使用しないで済んだ要因の一つは、「イラク行動史」が指摘したように訓練の成果だろう。

派遣前の訓練では、武器使用基準（ROE。自衛隊では「部隊行動基準」と呼ぶ）に関する教育訓練を重点的に行ったほか、大規模な抗議行動の発生を想定した「デモ対処訓練」も実施していた。こうした実践的な訓練を繰り返し行ったことで、「本番」でも冷静に対処できたのである。

これに加えて、自衛隊の武器使用権限が「自己保存型」に限られ、米軍のように「任務遂行型」が認められていなかったことも、結果的に功を奏したとも言えるのではないだろうか。

攻撃を想定して準備

「イラク行動史」を最初に読んだ時、陸上自衛隊がイラクで攻撃を受ける事態を想定して周到な準備を行っていたことに驚いた。

例えば、迫撃砲攻撃についても当初から予想し、「迫撃砲攻撃対策検討グループ」を立ち上げて対策を検討していたことが記されている。

〈迫撃砲攻撃は当初から予期し対策を検討していたが、平成15年12月以降は迫撃砲攻撃対策検討Gpを立ち上げ、本格的な検討を開始した〉

具体的には、派遣開始四カ月前の二〇〇三年九月に、監視能力強化のために「対迫レーダー」及び「無人偵察機」の導入検討を開始している。また、宿営場所の選定にあたっても、警備が容易な「周囲が開豁《かいかつ》した（筆者注：眺めが開けている）地域」を選び「攻撃機会の極限化」を図ったとある。

医療体制の検討においても「不測事態への対応」が焦点となった。「不測事態」とは、攻撃や戦闘で死傷者が出るような事態のことを指す。こうした事態に対応するために、「全身麻酔下での外科手術」が可能な装備と体制が準備された。

また、派遣前の訓練では、「至近距離射撃と制圧射撃を重点的に練成して、射撃に対する自信を付与した」という。

「制圧射撃」とは、機関銃などで間断のない射撃を加えることによって敵の行動を阻止する射撃方法のことである。

国会で、なぜこのような訓練が必要だったのか問われた中谷元防衛大臣は、「一例を申し上げれば、突如、武装グループが武器を搭載した車両で自衛隊の宿営地を一斉に襲撃してきた場合に、（中略）その足をとめるために、当該武装グループに対して連射で一定時間武器を使用するといったことが考えられる」（二〇一五年七月一〇日、衆議院平和安全法制特別委員会）と答弁した。

つまり、陸上自衛隊は、武装グループが武器を搭載した車両で自衛隊の宿営地を一斉に襲撃してくるような事態まで想定し、それに対処する訓練を行っていたのである。

一方で、「イラク行動史」には、次のような記述もある。

〈多くの指揮官に共通して、最初の武器使用が精神的にハードルが高いのではないかとの危惧があった〉

これまで、生身の人間に向かって引き金を引いた自衛隊員は一人もいない。人の命を奪うかもしれない武器使用は当然、大きな抵抗感を伴う。特に最初の一発は撃つのに躊躇《ちゆうちよ》してしまうのではないか、と指揮官たちは危惧したのである。そして、その精神的なハードルを取り払うために行ったのが、派遣前の徹底した射撃訓練であった。

私は、イラク派遣の経験がある元隊員に取材したことがある。元隊員は、次のように話していた。

「やっぱり最初は、人を殺すことに抵抗があり、撃てないだろうなと思っていました。で

エ　防衛政策と部隊行動基準の関係

（ア）部隊行動基準等

a　部隊行動基準は、派遣部隊に安心感を付与できるよう作成

b　国内法令の運用要領は、イラクの現地情勢を加味し、各級指揮官が、いつ、どのような場面に武器を使用できるかについて規定

（イ）派遣間の事象

１７年１２月４日、ルメイサのサドル派事務所付近において、群衆による抗議行動、投石等を受け、車両のバックミラー等が破壊された。この際、小隊長以下警備小隊の隊員は、投石する群衆の他に銃を所持している者を発見し、これに特に注意を払う等、適確に現場の状況を把握しながら冷静に行動した（銃を所持している者は部隊に銃口を向けることはなかったため、弾薬装填は実施せず。）。背景として、ＦＴＣを含め、類似した状況を反復して訓練した実績があった。

（ウ）武器使用に関する部隊長の意識

a　武器使用権限について

若干の差異はあるものの、概して、武器使用権限は、人道復興支援という枠組みの中における自衛のためには、十分なものであるとの認識であった。

b　最初の武器使用について

多くの指揮官に共通して、最初の武器使用が精神的にハードルが高いのではないかとの危惧があった。また、隊員に対して訓練を徹底した後、最終的には「危ないと思ったら撃て」との指導をした指揮官が多かった。

c　政策判断について

イラク国民との信頼感を醸成するうちに、「法的には正当」でも、武器を使うことによって「イラクとの信頼関係」が崩れる可能性について、政策的な懸念を持った指揮官もいた。

武器使用に関する「イラク行動史」の記述。ここも当初はすべて黒塗りされる予定であった

も、訓練を重ねるごとに、その場に応じた対応を短時間でできるようになってきて、何があっても対処できる自信がついてきました。体で覚えてしまえば、考える前に行動できるようになります。そういう状態になるまで、何度も繰り返して体に覚えさせたのです」

「イラク行動史」には、隊員が躊躇なく引き金を引けるよう、もう一つ、指揮官らが行ったことが書かれている。

〈隊員に対して訓練を徹底

した後、最終的には「危ないと思ったら撃て」との指導をした指揮官が多かった〉

前出の元隊員も、同じような指導を受けたと話す。

「その場で正当防衛に該当するかどうかを考えていたら、その間に撃たれてしまいますから、指示は当然だと思いました。それで人を殺してしまった場合でも、事情聴取で『急迫不正の侵害があったと認識した』と説明すれば、裁判で罪に問われることはないだろうと言われました」

武器使用後の説明に間違いがないよう、隊員に配る「隊員必携」という冊子に説明要領が具体的に記された。私の情報公開請求に対して防衛省が開示した「隊員必携」では、この箇所は黒塗りされていた。しかし、私は独自にこの文書を入手した。危害射撃を行った場合の説明要領には、確かに、「(自己／同僚)の生命・身体に対する急迫不正の侵害があったと認識し」と書かれていた。

「イラク行動史」には書かれていないが、当時の陸自幹部の証言などで明らかになっている事実もある。

イラク派遣当時、陸自トップの陸上幕僚長を務めていた先崎一《まつさきはじめ》氏は、ＮＨＫの取材に応え、隊員が死亡した場合に備えて、遺体の搬送や葬送式の執り行いについて極秘に検討していたことを明らかにした。宿営地には、棺《ひつぎ》を約一〇個持ち込んでいたという（二〇一四年四月一六日放送、NHK総合、クローズアップ現代「イラク派遣　10年の真実」）。

番組で先崎氏は、こう証言している。

「忘れもしないですね。先遣隊、業務支援隊が約一〇個近く棺を準備して持っていって、クウェートとサマーワに置いて。隊員の目に触れないようにしておかないと、かえって逆効果になりますから、そこはわからないように、非常に気を使いながら準備だけはしていた。自分が経験した中では一番ハードルの高い、有事に近い体験をしたイラク派遣だったと思います」

「サマーワは非戦闘地域」という政府の説明とは裏腹に、派遣される陸上自衛隊自身はサマーワを「戦地」と考え、隊員が「戦死」する最悪の事態も考えて派遣に臨んでいたのである。

自衛隊はどう安全を確保したのか

幸いにも、陸上自衛隊は一人の犠牲者も出すことなく、約二年半にわたるイラク派遣を終えた。多国籍軍と反多国籍軍勢力との泥沼の戦闘が継続していた当時のイラクで、約二年半の間、一発の銃弾も撃たず、一人の死者も出さなかったことは特筆すべき点である。「イラク行動史」で安全確保の教訓として最も強調されているのが、地域住民との良好な関係の構築である。陸上自衛隊が安全確保のために「民心の獲得」を何よりも重視したことが記されている。

〈戦後の混沌とした不安定な治安状況下において、所望の活動を行うためには、先ず自らの安全を確保することが必要であり、またそのためには地域住民の民心を如何に獲得するかが緊要不可欠な要素となる〉

民心を獲得するためには、何よりも、住民に生活の改善と復興の進捗を実感させる必要があった。それができなければ、陸上自衛隊への期待は失望に変わり、部隊の安全も確保できなくなるおそれがあった。

そのため、イラク派遣では、これまでやったことのない新しい方法がとられた。それが、ＯＤＡ（政府開発援助）の「草の根・人間の安全保障無償資金協力」という制度の活用である。政府間で合意して行う大規模なプロジェクトではなく、ＮＧＯ（非政府組織）などが行うきめの細かい小規模なプロジェクトを支援するために、政府が原則一〇〇〇万円を上限に無償で資金を提供する制度だ。審査などの手続きにかかる時間が短く、「足の速い援助」を売りにしている。これを自衛隊の人道復興支援活動と組み合わせたのである。

給水支援では、ＯＤＡで給水車を二六台購入してムサンナ県水道局に供与し、それに自衛隊が浄化した水を入れて住民たちに配った。医療支援では、ＯＤＡで新しい医療器材をサマーワ総合病院などへ供与し、自衛隊の医官らがその取り扱いを指導した。自衛隊が補修した道路に、ＯＤＡの資金でアスファルト舗装を行うなどの連携もあった。

住民の間では特に雇用創出への期待が高かったため、工事は地元の業者に発注し、自衛隊が施工管理や技術指導を行う形がとられた。その結果、一日平均で約三五〇〇人、のべにすると約一九一万人の雇用を創出したという。

こうして、陸上自衛隊が活動した約二年半の間に、総額二億ドル以上のＯＤＡ（無償資金）がサマーワとその周辺地域に投入された。自衛隊の安全確保のためにＯＤＡが積極的に活用されたのも、イラク派遣の大きな特徴であった。

陸上自衛隊が活動を人道復興支援に特化したのは、イラクの人々から「占領軍」と見なされていた他の多国籍軍部隊と「差別化」する意味合いもあった。他の多国籍軍部隊との違いを強調するために、あえて砂漠の中で目立つ緑色の迷彩服を着用した。

また、銃口を住民に向けて周囲を威嚇しながら市街地を巡回する他の多国籍軍部隊とは異なり、陸上自衛隊の隊員たちは住民を見かけると車から笑顔で手を振り、友好的な姿勢を積極的にアピールした。これは、「選挙のうぐいす嬢のように」との意味を込めて、頭文字をとり「SU（スーパー・ウグイス嬢）作戦」と名付けられた。

「イラク行動史」は、「現地住民の支持があったからこそ人道復興支援が成功したといえる」と結論付けている。

だが、もし武器を使用してイラク人を一人でも傷つけていたら、陸上自衛隊が努力して獲得してきた住民の支持は一気に敵意へと変わっていた可能性がある。

「イラク行動史」には、実際にそのことを心配した指揮官がいたことが記されている。

〈イラク国民との信頼感を醸成するうちに、「法的には正当」でも、武器を使うことによって「イラクとの信頼関係」が崩れる可能性について、政策的な懸念を持った指揮官もいた〉

陸上自衛隊は、一度も武器を使用することがなかったからこそ、最後まで現地住民の支持を失うことなく、人道復興支援活動を成功させることができたのである。

他の多国籍軍との「対ゲリラ連合作戦」

陸上自衛隊は表向き、人道復興支援活動に特化していることを強調して日本の独自性をアピールしていたが、実際には、自らの活動を他の多国籍軍部隊との「連合作戦」として捉えていた。

「イラク行動史」は、**「前半は英蘭軍と、後半は英豪軍とムサンナ県における連合作戦を実施した」**と明記している。また、**「日豪軍は治安維持の分野で連携した」**との記述もある。

陸上自衛隊が、自隊の行う人道復興支援活動と、他の多国籍軍部隊が行う治安維持活動を一体の軍事作戦として捉えていたことは、教訓収集のためにイラクに派遣されていた隊員が作成したレポートからも読み取れる。

二〇〇六年五月三一日、サマーワ市内を走行中の陸上自衛隊とオーストラリア軍の車列がＩＥＤによる攻撃を受けた。陸上自衛隊に被害は出なかったが、先頭を走っていたオーストラリア軍の装甲車のタイヤに爆発物の破片が突き刺さりパンクした。

この事案について作成された教訓レポートで、教訓収集員が次のようなコメントを記している。


〈対抗策は、対遊撃行動[*2]の教範内容に拠ることとなるが、前述したように住民の不満が行政組織に向けられており、多国籍軍については占領軍との住民意識も根強いため、治安情勢は一朝一夕には改善されない状態にある。このため犯行勢力の住民からの分断孤立化は、住民が持っている電力・水・経済状況に対する不満が、完全に払拭されるまでは困難であろう。／犯行勢力の捜索・捕捉撃滅は、地域の警備を担当する英・豪軍が、イラクの治安担当機関と協力して実行する。日本隊としては、共同対処行動をとり、また日本隊の人道復興支援活動の継続と成果をアピールして、日本隊への親近感の醸成を向上させ、住民感情の沈静化に寄与し、犯行勢力の活動封止に協力することが必要となろう〉

（二〇〇六年六月二九日付「研究本部教訓センター週報」）

＊2　遊撃行動とは、ゲリラ戦のこと。

犯行勢力の捜索や捕捉撃滅は英・豪軍が担うが、自衛隊もそれと「共同対処行動」をとると記していたのだ。

このように、陸上自衛隊の人道復興支援活動には、単にイラクの復興を支援するというだけではなく、他の多国籍軍部隊との「対ゲリラ連合作戦」という側面もあった。

米軍は、軍事作戦を円滑に進めるための民事活動をＣＭＯ（civil military operations）と呼んでいるが、自衛隊はまさに多国籍軍の作戦の中でこのＣＭＯの役割を担ったのである。

私が二〇〇四年にイラクを訪れた際、「日本の軍隊は『私たちはイラクの人々を助けるために来た』と言っているが、一方で占領軍を助けてもいる。占領軍は受け入れられない」と話すイラク人が少なからずいた。彼らは、イラク派遣の本質を見抜いていたと言える。

陸上自衛隊がムサンナ県で実施した世論調査（二〇〇六年一月）でも、「自衛隊は占領軍だと思うか」との問いに、約一割の人が「そう思う」と回答した。これが、さまざまな民心獲得の努力にもかかわらず、陸上自衛隊の宿営地が一四回にわたり砲撃された要因であった。

多国籍軍司令部で活躍した幹部自衛官

二〇一八年四月にイラク派遣の日報が公表された際、ほとんどのマスコミはサマーワでの戦闘発生に関する記述を問題にした。イラク特措法は自衛隊の活動地域を非戦闘地域に限定していたので、これ自体は当然のことであった。

一方、日報には、マスコミがまったく問題にしなかった重大な事実が記されていた。それは、イラクの首都バグダッドの多国籍軍司令部で、陸上自衛隊の幹部自衛官が「情報部幕僚」として勤務していたという事実である。

日本政府は、多国籍軍への参加を閣議決定した際、「自衛隊は、多国籍軍の中で、統合された司令部の下にあって、同司令部との間で連絡・調整を行う。しかしながら、同司令部の指揮下に入るわけではない」と説明していた。多国籍軍には参加するが、指揮下には入らないので、他国軍の武力行使と一体化はしないというロジックである。

野党は、国連安保理決議では多国籍軍が「統一された指揮の下で（under unified

command)」活動する旨が明記されているとして、日本政府の主張は国際的に通用しないと批判した。

これに対して日本政府は、自衛隊が多国籍軍司令部の指揮下に入らないで活動することは、多国籍軍の主要な構成国であるアメリカとイギリスの両政府の了解を得ているとして、野党の指摘を突っぱねた。

しかし、陸上自衛隊の幹部自衛官が多国籍軍司令部の幕僚として勤務していたとなると、話は違ってくる。

それまでも、陸上自衛隊が多国籍軍司令部に「連絡・調整」のためのLO（連絡将校）を配置していたことは知られていたが、それとは別に「MNC－I（多国籍軍団イラク）」司令部の「C2（情報部）」に二人の幹部自衛官を「幕僚」として派遣していたのである。イラク派遣の日報に添付されていた「バグダッド日誌」で、その実態が初めて明らかになった。

二〇〇六年二月二日の「日誌」は、情報部幕僚としての活動をこう記している。

〈現在ナイトシフト（夜7時～朝7時までの勤務）でMNC－I情報部で勤務してい

る[redacted]は、各国の幕僚と伍して情報分析にあたっている。／第5次連絡班がバグダッドに到着して早々、[redacted]は命題研究チームのリーダーに指名され、2週間後にチームとしての研究成果を情報分析部チーフ（米陸軍少佐）に発表しなければならなくなった。（中略）／かくして、[redacted]の試練の日々が始まった。マケドニア、ラトビア、アルバニア等のチームメンバーを率いて毎晩ミーティングを持ち、侃々諤々の議論を戦わせながら命題研究をすすめた〉

[redacted]は黒塗り。隊員名が記されていると推察される。

まさに、多国籍軍司令官の指揮下で司令部幕僚として活動し、「情報」という分野で軍事作戦の一端を担っていたのである。

そのことは、MNC－I司令官が情報部の幕僚たちに対して行った次の訓辞にも明確に示されている。

〈「情報はいうまでもなく我軍において重要なものである。いくら巡航ミサイル等があっても、情報がなければ戦闘はできない。（中略）この多数の将兵が、衛星情報、公刊情報、ヒューミント情報等[*3]、各分野で分析し、インフォメーションからインテリジェンスにするから、我軍は戦闘できるのである」〉

（「バグダッド日誌」二〇〇五年一二月二四日）

＊3　公刊情報、すなわちオシント情報は、新聞や雑誌、書籍など公刊されている資料から得た情報。ヒューミント情報は、人との接触を通じて入手した情報。

情報がなければ戦闘はできない。このことは自衛隊から派遣された幕僚も十分自覚していた。「ここでの勤務は演習ではない。全てが本番だった。我々の見積が、多国籍軍兵士の命にかかわる問題になり緊張の連続だ」――幕僚の一人は、情報部での任務について、こう記している（「バグダッド日誌」二〇〇六年七月一五日）。

ちなみに、情報部では、「バグダッド・モスキートー（蚊）」と呼ばれるイラク人の協力者たちからも情報収集していたという。自衛隊から派遣された幕僚は、彼らのことを日本の戦国時代の「忍び」にたとえて、次のように記している。

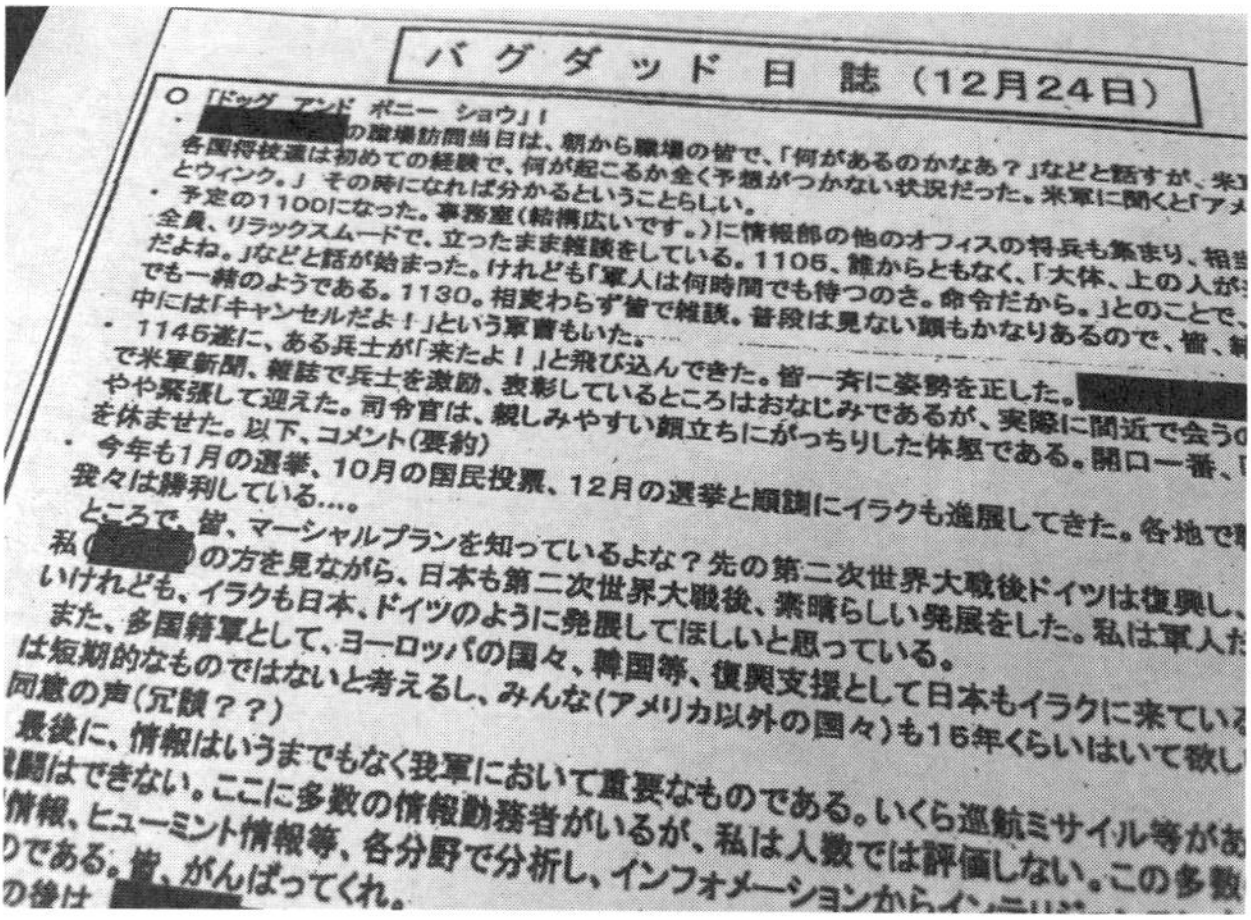
バグダッド日誌（12月24日）

○「ドッグ アンド ポニー ショウ」！
・ [redacted]の職場訪問当日は、朝から職場の皆で、「何があるのかなあ？」などと話すが、米
各国将校達は初めての経験で、何が起こるか全く予想がつかない状況だった。米軍に聞くと「アメ
とウィンク。」その時になれば分かるということらしい。
・ 予定の1100になった。事務室（結構広いです。）に情報部の他のオフィスの将兵も集まり、相
全員、リラックスムードで、立ったまま雑談をしている。1105、誰からともなく、「大体、上の人が
だよね。」などと話が始まった。けれども「軍人は何時間でも待つのさ。命令だから。」とのことで、
でも一緒のようである。1130。相変わらず皆で雑談。普段は見ない顔もかなりあるので、皆、
中には「キャンセルだよ！」という軍曹もいた。
・ 1146遂に、ある兵士が「来たよ！」と飛び込んできた。皆一斉に姿勢を正した。[redacted]
で米軍新聞、雑誌で兵士を激励、表彰しているところはおなじみであるが、実際に間近で会うの
やや緊張して迎えた。司令官は、親しみやすい顔立ちにがっちりした体躯である。開口一番、
を休ませた。以下、コメント（要約）
・ 今年も1月の選挙、10月の国民投票、12月の選挙と順調にイラクも進展してきた。各地で
我々は勝利している….。
ところで、皆、マーシャルプランを知っているよな？先の第二次世界大戦後ドイツは復興し、
私（[redacted]）の方を見ながら、日本も第二次世界大戦後、素晴らしい発展をした。私は軍人だ
いけれども、イラクも日本、ドイツのように発展してほしいと思っている。
また、多国籍軍として、ヨーロッパの国々、韓国等、復興支援として日本もイラクに来ている
は短期的なものではないと考えるし、みんな（アメリカ以外の国々）も16年くらいはいて欲し
同意の声（冗談？？）
最後に、情報はいうまでもなく我軍において重要なものである。いくら巡航ミサイル等があ
戦闘はできない。ここに多数の情報勤務者がいるが、私は人数では評価しない。この多数
情報、ヒューミント情報等、各分野で分析し、インフォメーションからインテリジェ
りである。皆、がんばってくれ。
の後は [redacted]

多国籍軍司令部に幕僚として勤務した自衛官が記した「バグダッド日誌」

〈戦国時代には、「草」という忍びがいたという。村人になりすまし世論の実情を主人に報告する者達だ。ここバグダッドにもいる。彼らこそバグダッド・モスキートー（ＢＭ）と呼ばれる人たちだ。先日バグダッド中心部にあるＩＺ（インターナショナルゾーン）で実施されるＢＭ報告に参加した。彼らは全員がバグダッド市民であり、学校の先生、会社員、学生、主婦等様々な階層から選ばれている。訛はあるもののきれいな英語を話し、今バグダッド市内で、一般市民はどう考え、どのような流

言が広まっているのか、米国に対してどう考えているのか等を報告する。（中略）その構成は12名で、そのうち8名が女性だった〉（「バグダッド日誌」二〇〇六年三月九日）

こうしてさまざまな手法を駆使して収集した情報（インフォメーション）を整理・分析し、実際の軍事作戦に活かせる情報（インテリジェンス）に仕立て上げるのが情報部の幕僚たちの任務であった。

浮き彫りになった「指揮」をめぐる矛盾

多国籍軍に参加して活動する場合、多国籍軍が実施する全般的な軍事作戦との一体化は避けられない――これは、自衛隊イラク派遣の重要な教訓の一つだと思う。

自衛隊の多国籍軍への参加については、日本政府は従来、「目的が武力行使を伴うものであれば、自衛隊がこれに参加することは憲法上許されない」という立場であった。

ところが、イラクで多国籍軍に参加する必要が生じたため、日本政府は「わが国として武力行使を行わず、またわが国の活動が他国の武力行使と一体化しないことがきちんと確保されている場合には、多国籍軍に参加することは憲法上問題ない」と事実上、見解を変更した。そして、「多国籍軍司令部との間で連絡・調整は行うが、その指揮下に入るわけではない」と言ってイラクの多国籍軍に自衛隊を参加させたのである。

しかし、このやり方には大きな無理があった。「イラク行動史」は、他の多国籍軍部隊との「連合作戦」の教訓を次のように記している。

〈本派遣においては、国連の枠組みがなく、治安維持を多国籍軍に依存するとともに、、復興支援は治安状況に左右されるという特性から、多国籍軍を統括する米軍、南東部を統括するMND（SE）司令部（英軍）及び陸自部隊の活動地域の治安維持任務を有する蘭・豪軍との連携は極めて重要であった。全般的に、その枠組み及び現地での連携要領は良好であったが、一方で調整や協議において難航する場面もあった。／多国籍軍に参加して活動する場合は、その枠組み、特に指揮関係、後方支援関係等を明確に整理する必要がある〉

陸上自衛隊と他の多国籍軍部隊との連携は全般的には良好であったが、協議や調整が難航する場合もあったというのだ。

実際、派遣開始当初、オランダ軍との連携に問題が生じた。

〈MNF（筆者注：多国籍軍）内の日本隊の地位が不明確であるため、相互の意思疎通が不十分な状況が、情報収集、軍民協力、情報作戦の面で発生した。陸自として蘭軍の要請に対する対応の限界または、基本姿勢が不明確であった。蘭軍としてはMNFとして受けてもらえると思って要請したことが、日本隊では「当然できない。」ということがあった〉

（「イラク行動史」）

「自衛隊は多国籍軍に入るが、同司令部の指揮下には入らない」という日本政府の奇妙なスタンスは、やはり、現場の連携にも支障を与えていたのである。また、オランダ軍が、同じ多国籍軍の友軍ならば当然引き受けてもらえると思って陸上自衛隊に要請したことが、憲法九条に由来する自衛隊特有の「制約」によって断られ、不信感を抱かれる場面があったことがうかがえる。

こうした経験から、「イラク行動史」は「多国籍軍に参加して活動する場合は、その枠組み、特に指揮関係、後方支援関係等を明確に整理する必要がある」と強調しているのだろう。

国連安保理決議がイラクでの多国籍軍の活動を「統一された指揮の下で」と明記していることに示されているように、連合作戦は統一した指揮の下で実施するのが軍事の常識である。

しかし、自衛隊が多国籍軍司令部の指揮下に入れば、「武力行使との一体化」が避けられない。このいかんともし難い矛盾が浮き彫りになったのが、イラク派遣だったと言えるだろう。

交戦中の友軍の応援も想定

もし近くで、オランダ軍やオーストラリア軍とイラクの武装勢力との間で戦闘が発生し、応援を依頼された場合、自衛隊はどうするのか——。

これは、「自衛隊が活動している地域は非戦闘地域」（小泉首相）という法律上の〝建前〟の下では絶対に起こり得ないシチュエーションとされていたが、現実には十分起こり得ることだった。

陸上自衛隊イラク派遣の先遣隊長と第一次イラク復興業務支援隊長を務めた佐藤正久

（現・参議院議員）は、もしこのような事態が発生したら、「『情報収集の名目で現場に駆け付け、あえて巻き込まれる』という状況を作り出す」ことを考えていたと告白している（二〇〇七年八月一〇日、TBS系列ニュース）。

すでに述べたように、イラク派遣で自衛隊員たちに認められていたのは、自己保存の自然権的権利としての武器使用だけであった。自衛隊が攻撃を受ければ正当防衛で武器を用いて反撃することができたが、武装勢力と交戦する他国の部隊を応援するために武器を使用することは許されていなかった。そのため、情報収集の名目で現場に駆け付け、あえて攻撃を受けることで武器を使える状況を作り出そうとしていたというのである。

佐藤は「目の前で苦しんでいる仲間がいる。普通に考えて手を差し伸べるべきだという時は（応援に）行ったと思うんですけどね。その代わり、日本の法律で裁かれるのであれば、喜んで裁かれてやろうと」（同前）と当時の胸の内を明かした。

実際、私が取材したイラク派遣の経験のある元隊員も、同じような説明を上官から受けたと話す。

「車両を近くまで寄せて、わざと自分たちも攻撃を受けそうなところまで行って戦闘に参加するという話はありました。実際そういう場面になったら、（他の多国籍軍部隊を）見捨てることはできないからしょうがないのかな、と思いました。自分たちはいつも守ってもらっているのに、その場を見過ごすというのは、やっぱり自衛官としてはできませんよね。そんなことをしたら、これまで何のために戦闘の訓練を受けてきたのかってなりますし」

オランダ軍やオーストラリア軍は、陸上自衛隊が危険度の高い地域を車両で移動する場合はエスコートに付き、治安が比較的不安定な地域で活動する場合は周囲をパトロールするなどして、不測事態の発生を抑止した。また、陸上自衛隊の宿営地が迫撃砲などで攻撃を受けた場合は、レーダーで発射地点などを標定し、上空に照明弾を撃って陸上自衛隊の行動を支援した。そして、何よりも、多国籍軍からの治安情報の提供がなければ陸上自衛隊は安全に活動を遂行できなかった。

このようなサポートを受けているのに、すぐ近くでオランダ軍やオーストラリア軍が攻撃を受けて窮地に立たされている時に、見捨てて自分たちだけ宿営地に逃げ帰るというのは、現場の自衛官たちにとってはあり得ないことだった。

実際に、オランダ軍やオーストラリア軍が武装勢力からの攻撃を受け、銃撃戦になったこともあった。その時、陸上自衛隊がすぐ近くにいたら、佐藤の発言にあったような行動をとり、戦闘に加わっていたかもしれない。そういう事態にならなかったのは、その時、たまたま近くにいなかったからに他ならない。

隊員の自殺と戦場ストレス

幸いにも一人の死傷者も出さなかったイラク派遣であったが、これはあくまで戦闘による死傷者が出ていないということであって、広い意味での「犠牲」はすでに出ている可能性がある。

防衛省によると、二〇一六年三月末の時点で、イラク派遣に参加した自衛官のうち、陸上自衛隊で二一人、航空自衛隊で八人が自殺している。これらは在職中に自殺した人数なので、退職者も含めれば実数はもっと多くなるだろう。

防衛省は、「自殺は、様々な要因が複合的に影響し合って発生するものであり、海外派遣が原因であると特定するのは困難」と説明している。ただ、第一章でも触れたが、海外派遣が隊員たちのメンタルに影響を与えていることは、自衛隊の内部文書からも読み取れる。

陸上自衛隊のイラク派遣では、初めて準備段階から「精神疾患及びＰＴＳＤ等への対処」が本格的に検討された。

陸上自衛隊の内部文書「イラク行動史」には、「イラクにおける活動に関しては、現地での過酷なストレス環境のみならず、惨事が発生した場合のストレスによる精神疾患等の発生が危惧された」として、陸上幕僚監部の衛生検討グループにおいて予防法と対処法が検討されたと記されている。

予防法については、「要員選考時における精神疾患等の既往歴を重視し、要員から排除するとともに、準備期間におけるカウンセリング態勢を確立する」としている。

対処法としては、イラクで「惨事」が発生した場合、日本の自衛隊中央病院から医官（精神科医）一人と心理幹部一人からなる「メンタルヘルス支援チーム」を現地に派遣して「惨事ストレス対処」を実施する態勢がとられた。

実際に、派遣時のストレスによって精神疾患やＰＴＳＤを発症した隊員がいたかどうかは定かではない。ただ、「イラク行動史」には、「メンタルヘルスチェック結果において、（中略）全般的に約2割の隊員にストレス傾向がみられた」との記述もある。

陸上自衛隊はイラク派遣終了後、派遣した約五二〇〇人の隊員を対象に、帰国後のストレス状況の調査を行っている。私は陸上自衛隊衛生学校が作成した調査報告書を入手したが、残念ながら結果に関する情報はほとんど黒塗りされていた。ただ、帰国後にうつ状態になった隊員や、派遣期間中に「ショックな出来事があった」とアンケートに回答した隊員が一定数いたことが調査書からは読み取れる。
イラク派遣隊員のストレス状況については、「メンタルヘルス支援チーム」の一員として六度にわたってサマーワの宿営地を訪問した福間詳《しょう》・元自衛隊中央病院精神科部長が証言している。

「私の滞在中にも着弾し、轟音《ごうおん》とともに地面に直径二メートルほどの穴があきました。直後に、警備についていた隊員から聞き取りをしました。『発射したと思われる場所はすぐ近くに見えた。恐怖心を覚えた』『そこに誰かいるようだと言われ、緊張と恐怖を覚えた』。暗くなると恐怖がぶり返すと訴える隊員は、急性ストレス障害と診断しました」
（「朝日新聞」二〇一五年七月一七日朝刊）

このインタビューで、福間は「（防衛省が公表している）自殺は氷山の一角で、イラク派遣の影響はもっと深刻なのではないか」として、次のように話している。

「当時、勤務していた自衛隊中央病院に、帰国後、調子を崩した隊員が何人も診察を受けにきました。不眠のほか、イライラや集中できない、フラッシュバックなど症状はさまざまでした。イラクでは体力的に充実し、精神的にも張り詰めているためエネルギッシュに動いていたものの、帰国して普通のテンションに戻った時、ギャップの大きさから精神の均衡を崩してしまったのです。自殺に至らなくても、自殺未遂をしたり精神を病んだりした隊員は少なくないと思います」（同前）

モラル・インジャリー

米ブラウン大ワトソン国際公共問題研究所によると、イラクとアフガニスタンでの戦争で合計約七〇〇〇人の米兵が戦死したが、自殺者はその四倍以上に上るという。

その要因として、ＰＴＳＤや外傷性脳損傷（ＴＢＩ）などが挙げられているが、もう一つ、近年注目されているのが「モラル・インジャリー（良心の呵責《かしやく》障害）」である。

二〇〇四年にイラクに派遣され、米軍占領下で最も激烈な戦闘となった同年一一月の「ファルージャ総攻撃」に参加した元米海兵隊員の男性に取材したことがある（取材は二〇一四年）。

男性は通信兵だったため、直接、戦闘で殺したり殺されたりする場面に遭遇したことはなかった。しかし、イラク戦争の正当性に疑いを持つようになってから、男性は良心の呵責で苦しむことになる。

「政府が開戦の理由とした『大量破壊兵器の脅威』は大嘘《おおうそ》だったのです。この戦争は、自衛のためでも、イラクの民主主義のためでもなく、侵略戦争でした。それを知った時、僕の戦争の苦しみが始まりました。直接銃でイラクの人々を殺すことはありませんでしたが、僕の通信の情報に基づいて空爆などが行われ、市民が無差別に殺戮《さつりく》されたのです。僕は明らかに殺戮に加担したのです」

一般的に、モラル・インジャリーは軍の病院では治療が困難だと言われる。なぜなら、軍病院の精神科医やカウンセラーはイラク戦争や米軍の作戦の過ちを認めることはけっしてないからだ。

「この苦しみは『償い』をすることでしか回復できない」と語るこの男性は退役後、仲間とともに「償いプロジェクト」を立ち上げ、イラクの国内避難民への人道支援活動を行うなど「償い」を実践している。

戦争は派遣された兵士の心を傷つけるが、その戦争に正当性がない場合、その傷は一層深くなる。

米議会上院の情報特別委員会は二〇〇四年七月、イラク攻撃の大義とされた旧フセイン政権の大量破壊兵器開発計画をめぐる情報は米中央情報局（ＣＩＡ）によって誇張されたもので、「大統領や議会が開戦にあたって判断材料とした情報には欠陥があった」と結論付ける報告書を発表した。

開戦を決断したブッシュ大統領も退任直前の二〇〇八年一二月、「（任期中の）最大の痛恨事は、イラクに関する情報の誤りだった」と語った（一二月一日放映の米ＡＢＣテレビでのインタビューで）。

アメリカとともにイラク攻撃を行ったイギリスも、政府が独立調査委員会を立ち上げて、攻撃の正当性などについて検証を行った。同委員会は二〇一六年七月に検証結果を公表し、「イラクの大量破壊兵器は深刻な脅威だと言われたが、そこまで確信的に断言するにふさわしい正当な根拠はなかった」（チルコット委員長）と結論付けた。

日本では、議会の特別委員会でも独立調査委員会でもなく、外務省の検証チームが検証を行い、「事後イラクの大量破壊兵器が確認できなかったとの事実については、我が国としても厳粛に受け止める必要がある」（外務省、対イラク武力行使に関する我が国の対応（検証結果）「報告の主なポイント」、二〇一二年一二月）と結論付けた。しかし、米英の武力行使の正当性については、国連の査察に協力して大量破壊兵器が存在しないことを積極的に証明しなかったイラク側に責任があるとの立場は崩さなかった。

政府の判断について検証するには、アメリカやイギリスのように政府から独立した機関による調査が必要である。しかし、日本政府は市民が求める独立調査委員会の設置を拒み続け、米英の武力行使も、それを支持した当時の日本政府の判断も正しかったという立場を現在も変えていない。

第三章　カンボジアＰＫＯ

次に検証するのは、陸上自衛隊初の海外派遣となったカンボジアPKOである。

これまで見てきた南スーダンPKOとイラク派遣では、日本政府の説明や法律上の建前とは異なり、現地はまさに「戦地」であった。その矛盾の中で、派遣された隊員たちは厳しい活動を強いられた。

それに比べて、今から三〇年前の派遣で「若葉マーク」と称されていたカンボジアPKOは、もう少し〝牧歌的な活動〟だったのかと思っていた。しかし、いざ検証を始めると、そんな先入観はあっさり打ち砕かれた。

カンボジアPKOも、南スーダンPKOやイラク派遣と同様、自衛隊が戦闘に巻き込まれることはないという「建前」でスタートしたが、実際には、隊員たちの頭上を銃弾が飛び交う、まさに「戦地」であった。

薄氷の和平協定

一九九二年六月一五日、衆議院本会議で「国連平和維持活動等に対する協力に関する法律（PKO法）」が賛成多数で可決、成立した。

前年九月に法案が国会に提出されてから、審議時間は一九三時間に及んでいた。与党・自民党は、野党の公明党や民社党の賛成を得るために、「PKF本体業務」（停戦監視や武装解除などの監視、駐留・巡回など歩兵部隊が行う任務）への参加を凍結することなどで合意。衆議院本会議では、自民党、公明党、民社党などの議員三二九人が賛成し、反対は共産党など一七人だった。野党第一党の社会党（一三七人）と社民連（四人）は、所属議員全員の議員辞職願を衆議院議長に提出して、本会議をボイコットした。

PKO法が成立した日本に対して国連は、日本人の明石康氏が現場責任者（国連事務総長特別代表）を務めるカンボジアPKOへの自衛隊派遣を要請。同年九月初旬、宮沢喜一内閣は道路補修などを行う施設部隊などの派遣を閣議決定した。

史上初となる国連PKOへの自衛隊派遣は、前途多難な出発となった。「紛争当事者」の一つであったポル・ポト派[*1]が、パリ和平協定で合意した武装解除の履行を拒否していたからである。

＊1　カンボジアで一九七五年から一九七九年まで政権を担った、ポル・ポトを指導者とする急進的

な共産主義勢力。「クメール＝ルージュ」（赤いクメール人）とも呼ばれる。都市の住民らを農村に強制移住させ、集団生活と過酷な肉体労働を強要した。経済運営失敗の責任を国民に転嫁して拷問や虐殺を繰り返し、人口約七〇〇万人中一七〇万人の命を奪ったとされる。

カンボジアでは、一九七八年にベトナムが軍事介入してポル・ポト独裁政権を倒して以降、内戦が続いていた。一九九一年一〇月、国際社会の仲介により紛争当事者の四つの勢力（プノンペン政権＝ヘン・サムリン派、シハヌーク派、ポル・ポト派、ソン・サン派）がフランスのパリで和平協定に調印。国連の暫定統治の下で民主的な選挙を実施し、新しい国づくりを目指すことで合意した。暫定統治と民主的な選挙の実施を支援するために、国連ＰＫＯ「国連カンボジア暫定統治機構（ＵＮＴＡＣ）」が設立された。

停戦を安定的に維持しながら選挙のプロセスに入ることを保証するため、和平協定には各勢力の武装解除（正確には、兵力の七割削減）が盛り込まれた。しかし、この履行をポル・ポト派が拒んでいたのである。同派はさらに、自らの支配地域でのＰＫＯの受け入れも拒否していた。

日本政府は自衛隊派遣を前に、同派と関係の深いタイと協力して説得を続けたが、ポル・ポト派は最後まで武装解除に応じることはなかった。当初は、武装解除に入るのを見届けてから自衛隊派遣を決定すると話していた宮沢喜一首相であったが、説得が困難だと見るとそれでも和平協定そのものは維持されているとして派遣を決めた。

派遣の基本計画を閣議決定した直後に行われた国会審議で、渡辺美智雄《わたなべみちお》外務大臣は次のように説明した。

「ポル・ポト派も停戦を破るとは言っていないんです、パリ協定を守ると言っておるわけでして。ただ、自分たちのSNC[*2]における立場をもっと有利にしたいという駆け引きもあるのでしょう。今言ったように武装解除について渋っているということは事実でございます。だからといって、それじゃ武力を行使するかというと、そうはしないし、約束は守る、こう言っておるわけです」（一九九二年九月八日、参議院決算委員会）

＊2 カンボジア最高国民評議会（SNC）は、パリ和平協定に署名した四つの勢力で構成され、新政府への移行期間中、カンボジアを代表する唯一の合法機関とされた。議長は、一九五三年にフランスから独立した時の国王、シハヌークが務めた。

カンボディアPKO派遣史

UNITED NATIONS

NATIONS UNIES

JAPAN

陸上幕僚監部

平成7年7月

「カンボディアPKO派遣史」

ポル・ポト派が武装解除に応じないのは、あくまで「政治的な駆け引き」であって、停戦合意そのものを破棄することは考えておらず、武力行使する意図もないので自衛隊を派遣しても問題ないという説明だった。

しかし、実際に陸上自衛隊が現地に到着すると、状況はまったく違っていた。

ポル・ポト派と政府軍の戦闘が頻発

陸上幕僚監部は一九九五年、陸上自衛隊のカンボジアＰＫＯでの活動と教訓をまとめた「カンボディアＰＫＯ派遣史（以後、カンボジア派遣史）」を作成した。

私は防衛省に情報公開請求し、二〇一六年一一月にこの文書を入手した。開示されたのは、四一五ページの本編に加えて、四分冊計約二三〇〇ページにわたる「資料集」も付された膨大な文書であった。
一九九二年一〇月初旬、先遣隊としてカンボジアに先乗りした隊員らが宿営地を設置する予定の南部の町・タケオに向かおうとしたら、早くも緊迫した場面に遭遇する。「カンボジア派遣史」には、こう記されている。

〈おりしも前夜、ベルレン南方において、ポル・ポト派軍（NADK）とプノンペン政府軍（CPAF）による銃撃戦が生起したため、地域担当のフランス部隊が厳戒態勢をひいていたR4（筆者注：国道四号線）上を前進し、ようやくタケオ陸軍跡地に進入した〉

「カンボジア派遣史」には、派遣部隊が日本に送っていた「週間活動報告（週報）」の概略も収録されている。これを読んでも、現地では戦闘が続いていたことがうかがえる。
例えば、一一月八～一四日の週報には、カンボジア全土の治安状況について、「北部及び西部におけるポル・ポト派と政府軍間の小競り合いは引き続き発生の模様」「同上地域におけるUNヘリに対する射撃事案等のUNへの武力威嚇行動が継続」と記されている。

ポル・ポト派と政府軍の戦闘が続いているだけでなく、国連PKO部隊に対する攻撃も発生していたのである。

カンボジアで道路の補修を行う自衛隊員ら（国際平和協力本部事務局ウェブサイトより）

国連の命令に応じられず

UNTACは当初、日本政府にポル・ポト派の活動地域への自衛隊派遣を非公式に打診していたが、最終的には日本側からの要望もあって、同派の活動地域から外れた南部の国道二号線と三号線の道路や橋の補修を要請した。

陸上自衛隊が最初に取り組んだのは、タケオでの宿営地の整備であった。建設地は、第二次世界大戦中に日本軍が造った飛行場跡。部隊の本部と食堂・厨房《ちゅうぼう》のみプレハブで、隊員らの宿舎は高床式の野戦病院用天幕（テント）であった。これが完成するまでは、地面に直接設置する天幕で寝泊まりしていたが、時おりヘビやサソリなどが入ってきて、そのたびに大騒ぎになったという。

一二月末までに宿営地の設営が一段落した自衛隊部隊は、年明けから本来任務である道路の補修作業を本格化させた。
「カンボジア派遣史」によると、一九九二年一二月初旬、UNTACから各国のPKO部隊に「統合作戦命令第二号」が出された。

命令は、それまでの武装解除を進めるための活動から、選挙の実施に向けた選挙人登録の支援活動に移行せよというものであった。各国部隊の担当地域は選挙区に合わせて再編され、自衛隊の活動地域にもプノンペンより北の一部地域が追加された。さらに任務も、それまでの道路や橋の補修に加えて、選挙支援のための物資の保管や輸送が追加された。

しかし、ここで大きな問題が発生する。

自衛隊は、日本政府が作成する「実施要領」で定められた活動地域と活動メニューの範囲内でしか活動できないとされていた。当時の実施要領は、陸上自衛隊の活動を当初UNTACから依頼されていた国道二号、三号線での道路や橋の補修に限定しており、UNTACの新たな命令に応じるためには実施要領を変更する必要があったのだ。結局、この手続きに時間がかかり、実施要領の変更は翌一九九三年の二月中旬までずれ込んだ。「カンボジア派遣史」は、この問題点について次のように記している。

〈実際には、この決定（筆者注：実施要領の変更）がなされるまでの間、プノンペン以北の地域での大隊に対する支援要求がなく幸いであったが、もし、「実施要領」が変更されるまでに、UNTAC軍作戦命令第2号（中略）に基づきUNTAC工兵部から具体的な任務を付与され、その実行を督促されていれば、現地部隊としての立場はかなり厳しいものになったであろうと予測される〉

すでに述べたように、すべてのPKO部隊は国連事務総長が任命した特別代表の指揮下で活動する。しかし、自衛隊の場合、日本政府が作成した実施要領の範囲内でしか活動できず、そこに載っていない任務を国連事務総長特別代表から命令された場合、どんなささいなものでも実施要領を変更する必要があった。

五月に計画されていた総選挙が近づいてくると、UNTACの活動は選挙の実施に向けた活動が中心になっていく。三月には、UNTACから新たに「作戦命令第三号」が出され、「工兵部隊といえども、その工事を中止してでも選挙活動支援を実施する」という方針が下達される。新たな作戦命令には、投票所などでの警戒活動も含まれていた。

だが、これは応じることのできない命令であった。実施要領の変更も不可能だった。なぜなら、前述の通り、歩兵部隊が行う警戒や警護などのいわゆる「PKF本体業務」の実施は〝凍結〟されていたからである。

自衛隊はUNTACに、警戒任務は実施することができないと伝え、了承を得たという。

〈「実施計画」において大隊の活動の範囲は後方支援に限定されていることから、大隊は、「選挙活動の支援としての警戒任務は実施できない。」旨をUNTAC工兵部長に説明し、同部長から了解を得た〉

第一次カンボジア派遣施設大隊長を務めた渡邊隆《わたなべたかし》・元陸将によると、UNTACに参加する他の国の兵士の中には「何で日本隊はやらないのか」と不信感を持つ者もいたという。自衛隊と同じ地域で活動していたフランス軍の歩兵部隊の大佐には、渡邊氏が自ら一時間以上かけて憲法九条のことなど日本の事情を丁寧に説明し、理解してもらったという（渡邊氏へのインタビューは二〇三ページに掲載）。

このような苦労までして断った投票所での警戒任務だったが、後に「大どんでん返し」

が待っていた。

天幕の五メートル上空を曳光弾が通過

武装解除を拒否したポル・ポト派は、総選挙への不参加も表明していた。一方、UNTACは計画通り総選挙を実施する姿勢を変えず、選挙人登録の手続きを進めた。これに反発を強めたポル・ポト派は、攻撃の矛先をプノンペン政府軍だけでなくUNTACにも向けるようになる。

自衛隊施設部隊が宿営地を置くタケオ市周辺の治安は比較的安定していたものの、ポル・ポト派支配地域にも配置されていた自衛隊の停戦監視要員は、同派による襲撃の脅威を肌で感じながら任務に就いていた。

〈有権者登録を阻止しようと企図するポル・ポト派の妨害はエスカレートする一方であり、常に人質・威嚇射撃の恐怖を感じながらの勤務となった〉

ちなみに、停戦監視要員は、パリ和平協定に調印した四派の武装解除の実施、停戦違反の監視、選挙における強制や脅迫行為の監視などが主な任務で、各国の軍人が非武装で行うのが大きな特徴であった。総勢四八五人がカンボジア全土に配置され、日本も八人の幹部自衛官を派遣していた。

三月末には、初めてＰＫＯの軍事要員に犠牲者が出てしまう。

〈3月下旬ごろから、ポル・ポト派軍の動きが活発化し、UNTAC部隊キャンプ等への銃・砲撃により、シエムリアップ北方でバングラデシュ兵1名死亡、コンポンスプー北方でブルガリア兵6名が死傷する事件が続発した。（筆者注：自衛隊の）大隊の活動地域周辺でも、チューク南方地域での現政府軍（CPAF）との銃・砲撃が散発した。プノンペン市内においても、手榴弾爆殺、国連職員射殺事件等が発生し治安が悪化した〉

陸上自衛隊にとっては、ちょうど第一次派遣隊から第二次派遣隊への交代の時期だった。四月八日、帰国のためにプノンペン空港に到着した第一次派遣隊の隊員らのもとにショッキングな知らせが届く。ついに日本人にも犠牲者が出てしまったのである。

国連ボランティアとしてコンポントム州で選挙支援の活動に従事していた中田厚仁《なかたあつひと》氏が、同州内でポル・ポト派と見られる武装グループに襲撃されて銃殺されたのだ。

〈第1波帰国の8日には、コンポントム北方で、日本人国連ボランティアの中田氏射殺の訃報が、空港に到着した隊員を待っていた。

このように、選挙を5月に控え、まさに風雲急を告げ、日に日に情勢の悪化を見るカンボディアの地を、1次隊599名は、後事を2次大隊に託し、後ろ髪を引かれる思いで帰国の途についた〉

帰国した第一次派遣施設隊から活動を引き継いだ第二次派遣隊が最初に取り組んだのは、それまで道路補修に必要な砂利を採取していたトティエ山採石場からの部隊撤収であった。

同採石場には約七〇人の隊員が分派されていたが、「治安状態の悪化が急速に進み、孤立したかたちの採石場施設が襲撃されることの懸念」などの理由から撤収することを決めた。

第二次派遣隊が到着する直前の三月三一日の夜には、同採石場の自衛隊宿営地で五発の

トテイエ山	12月　1日0530頃	銃声1発　場所不明
	12月　9日2200頃	銃声2発　場所不明
	2月　2日1230頃	宿営地の西側で銃声が10発
	3月31日2000頃	銃声3発　内1発えい光弾が宿舎天幕の上空約5mを通過
	2110頃	銃声2発

隊員たちが宿営する天幕（テント）の上空約5メートルを曳光弾が通過したことが記録されていた（「カンボジア派遣史」）

銃声が聞こえ、そのうち一発の曳光弾は隊員が宿営する天幕の上空約五メートルを通過していったと記されている。

上空五メートルは、相当低い。隊員らの恐怖はいかほどであっただろうか。

この事実は、日本政府によって発表されることも、新聞やテレビで報道されることもなかった。私自身も、二〇一六年に「カンボジア派遣史」を手にして初めて知ったのである。

本隊が宿営地を置くタケオ市周辺の治安は比較的安定していたが、第二次施設大隊長の石下《いしおろし》義夫《よしお》二等陸佐は、全隊員に活動中の防弾チョッキ・鉄帽の着用と小銃・実弾の携行を命じた。

一次隊の時は、道路補修などの作業を行う隊員らは武器・弾薬を携行していなかった。普段は宿営地内の武器・弾薬庫で保管し、いざという時にそこから出して使うことにしていたのだ。このエピソードだけでも、治安が急速に悪化していた様子がうかがえるだろう。

二人目の日本人犠牲者

五月下旬の選挙が近づくにつれてポル・ポト派の攻撃も増えていった。四月には、死傷者が発生する停戦合意違反がカンボジア全土で三九件起こり、そのうち一一件は陸上自衛隊の活動地域で発生していた。「カンボジア派遣史」はこの時期の治安状況について、「ポル・ポト派と政府軍の戦闘が激化、全地域が緊張した」と記している。陸上自衛隊には、同派がタケオの宿営地への攻撃を企んでいるという情報も入ってきていた。

五月三日には、カンボジア北西部シエムリアップ市の空港近くにある政府軍の基地を二～三〇〇人のポル・ポト派兵士がロケット弾などで襲撃し、空港を一時占拠したほか、同市の中心部にも侵攻した。最終的には政府軍が奪還したものの、戦闘は八時間近く続いた。プノンペン政府のティア・バン国防相は、「和平協定調印以後、最大規模の戦闘」だと語った（「朝日新聞」一九九三年五月四日朝刊）。

そして、この翌日、日本人で二人目の犠牲者が出てしまう。

カンボジア北西部バンテアイミアンチェイ州アンピルでUNTACの車列が武装グループに襲撃され、文民警察官[*3]として派遣されていた岡山県警の髙田《たかた》晴行《はるゆき》警部補が死亡したのである。

現場はポル・ポト派支配地域の近くで、武装グループは先頭を走っていたオランダ軍のトラックにロケット砲を撃ち込み、後続の車が止まったところに自動小銃などで一斉射撃。襲撃グループは、とどめを刺そうと日本人文民警察官が乗った車に至近距離からロケット砲を撃ち込もうとしたが、一人の警察官が両手を上げて「ジャパン、ジャパン」と叫んだところ、発射を止めて立ち去ったという(「朝日新聞」一九九三年五月七日夕刊)。しかし、小銃の銃弾を体に浴びた高田は死亡し、他の四人も負傷した。

＊3　日本政府は、自衛隊の施設部隊と停戦監視要員の他に七五人の文民警察官もカンボジアPKOに派遣していた。文民警察官の主な任務は、現地警察の指導や監視。七五人はバラバラに各地に配置され、中にはポル・ポト派支配地域に配置される者もいた。武器の不携行が原則だったが、身を守るために自費でAK47自動小銃(カラシニコフ)を購入した者もいたという。カンボジアPKOでの文民警察官の活動については、旗手啓介『告白　あるPKO隊員の死・23年目の真実』が詳しく検証している。

事件発生の知らせを受けた宮沢喜一首相は静養先の軽井沢から急いで官邸に戻り、官房長官らと対応を協議した。政府が出した結論は、「活動継続」であった。「今回の事件は局地的なもので、全面的な戦争状態ではなく、パリ和平協定に基づく停戦協定は崩れていない」（河野洋平官房長官）として、ＰＫＯ参加五原則は引き続き維持されているとの見解を示した。

しかし、ポル・ポト派は四月に「総選挙は、ベトナムの傀儡《かいらい》政権に〝合法性〟を与える」（議長声明）として改めて総選挙への不参加を表明し、首都プノンペンに置いていた同派の事務所も閉鎖していた。さらに、これまで参加していた最高国民評議会の会合にも出なくなった。

こうした状況にもかかわらず、和平協定も停戦合意も崩れていないと強弁する政府の見解には、閣僚の中からも異論が出た。

異論を唱えたのは、郵政大臣だった小泉純一郎であった。小泉は、五月七日の閣議後の記者会見で次のように述べて、撤収を含めた対応を検討すべきだという考えを示した（「朝日新聞」一九九三年五月七日夕刊）。

「停戦合意は形式的には守られているが、北京でのカンボジア最高国民評議会（ＳＮ

C）の会合にポル・ポト派が欠席したのをみても分かるように、実質的には内戦に近い状態で、日本のPKO活動五原則が守られているかどうかは疑わしい」

「日本は国民の合意も覚悟も、血を流してまで国際貢献するとはなっておらず、憲法上の制約もある。日本の国際貢献には限界があることを心得ないといけない。欧米と一緒になって、できないことをあえてしようというのは間違っている。危険だったら引き揚げる、というのも一つの選択肢だ」

これに対して宮沢首相は同日、記者団に「非常に不幸なことに血が流れることになったが、本来的に武力行使、武器の使用は厳しくしているから、血を流すことは本来考えていることではない」と述べた（「朝日新聞」一九九三年五月八日朝刊）。

しかし、自衛隊の武器使用が厳しく制限されているからといって、自衛隊が攻撃を受けるリスクがなくなるわけではない。宮沢首相は派遣前、「PKO部隊が発砲するようでは、それは交戦当事者に堕してしまうのであって、そうなっては失敗である」とまで言っていたが、実際にはPKO部隊への攻撃が繰り返されており、攻撃を受けたPKO部隊が応戦することで交戦がたびたび起きていた。

四月中旬には、インドネシアの歩兵部隊一二人がポル・ポト派に一時拘束され、自動小銃を奪われる事件が起きていた。これを契機に、UNTACは襲撃された場合、積極的に応戦するよう方針を転換していたのだ。

UNTACの明石康・事務総長特別代表は総選挙を前に、「我々には任務を守る自衛権がある。攻撃を受けた場合は、ためらうことなく力強く反撃する」と述べ、武力行使も辞さない姿勢でUNTAC要員と総選挙の防衛にあたる決意を述べた（「朝日新聞」一九九三年五月二一日朝刊）。

ポル・ポト派のことは、日本政府も「紛争当事者」（つまり「国に準じる組織」に該当）として認めていた。仮に、陸上自衛隊が同派に対して武器を使用した場合、憲法九条が禁じる「武力行使」と評価されるおそれがある。陸上自衛隊が活動を継続するのは極めて厳しい状況であった。だが、総選挙を前にして、日本だけが撤退するわけにはいかないのも、また事実であった。

宮沢は後に、この時の決断について、「国連の委託を受けてやっている仕事が、たまたま人が一人死んだからそれでおしまいということは、とても世界に通るものではない」としつつ、「私はそういう決心を自分でしたものの、もしもう一、二人引き続いて人が死んだら、私自身の立場も保てたかどうか、実際はわからんな、というぐらいの世論の強さでしたね。そうなると、私一人がそれを支えることはできなかったのかもしれない」（御厨《みくりや》貴《たかし》・中村隆英《たかふさ》編『聞き書　宮澤喜一回顧録』）と振り返っている。

情報収集の名目で「パトロール」

五月下旬の総選挙が近付くと、自衛隊施設部隊の活動も選挙支援一色となった。五月一七日には、各投票所で公正な選挙の実施を監視するための選挙監視要員が九八人、タケオ州に配置された。そのうち、四一人は日本政府が派遣した公務員と民間人であった。

陸上自衛隊はＵＮＴＡＣからの要請で、選挙監視要員への宿泊と食事の支援を実施することになった。ＵＮＴＡＣからは、この他にも投票所で使う机や椅子などの選挙用資材の輸送、選挙用の大型テントの設置、フランス軍が中心となって行う投票箱の輸送支援などの任務が付与された。

実は、これらに加えて、ＵＮＴＡＣの命令によってではなく陸上自衛隊が独自に行った任務があった。

それは、総選挙の開始が数日後に迫った五月二〇日、西元徹也陸上幕僚長が記者会見で突如発表したものだった。

西元は「選挙を円滑に実施するために、その第一線で働かれる我が国の同胞四十一名を含む、この活動にあたられる方々（筆者注：選挙監視員）の安全確保ということには極めて重大な関心をもっている」として、次の六項目の支援策について発表した。

①　必要な治安情報の収集、分析と提供
②　自衛隊が実施している緊急時の対応要領の紹介
③　ＵＮＴＡＣから要請があった場合における要員の輸送、食料・水等の輸送
④　自衛隊の任務遂行のために必要な情報収集を行う過程で、投票所に立ち寄り、選挙監視員とも情報交換する
⑤　選挙監視員が持っている通信機の常時傍受、緊急時におけるフランス軍への通報態勢の確立
⑥　救急医療チームの編成と待機

問題になったのは、④と⑥であった。④は、自衛隊の任務遂行のための情報収集（偵

察）を口実に、選挙監視員の安全確保のために事実上の「巡回（パトロール）」をやろうというものであった。⑥は、投票所がポル・ポト派などに襲撃された場合、現場に急行し、負傷者を救出・救護する「駆け付け警護」の任務であった。いずれも当時のＰＫＯ法では認められていない任務であり、野党は強く反発した。

朝日新聞

自衛隊、事実上の「巡回」

カンボジア 邦人要員の安全確保策

投票所を毎日「偵察」

凍結業務に当たる恐れ

陸幕長が発表

事実上の「巡回」任務を大きく報じた当時の新聞（「朝日新聞」1993年5月21日）

西元は記者会見で、④の「情報収集活動」は事実上の「パトロール」ではないかと問われ、「当然のことながら、そういうことでしょう」と認めた。ＰＫＯ法を逸脱する活動を公然と肯定する陸上自衛隊トップの発言に、記者たちはざわめき立った。

西元がパトロールを認める発言をしたことについて、日本政府は当初、「業務の内容を超えて何かしようということは了解していない」（河野洋平官房長官）と打ち消そうとしたが、結局、宮沢首相が「お墨付き」を与える。

記者会見の翌日の国会で、社会党の串原義直議員が「なし崩し的にPKFに入っていく危険があり、法の拡大解釈以外の何物でもない。シビリアンコントロールに抵触する」と追及すると、宮沢首相は「非常に緊迫した状況のもとで、私は、憲法、法律の許す範囲でベストを尽くせと指示した。指示をしたのは私なので、シビリアンコントロールの問題はない」と答弁した（一九九三年五月二一日、衆議院予算委員会）。

前述したように、陸上自衛隊は三月にUNTACから選挙支援のための「警戒」任務を打診された際、凍結された「PKF本体業務」にあたるとして断っていた。それが、ポル・ポト派の脅威が高まる中、タケオ州に配置された日本人選挙監視員を守るために、思わぬ「復活」を遂げたのである。

捨て身の巻き込まれ作戦

陸上自衛隊の「パトロール」は、西元が会見で語ったように、タケオ州内に約一〇〇カ所ある投票所を武装した自衛隊員らが回ることで、選挙の妨害を狙うポル・ポト派の襲撃を抑止しようとするものであった。

しかし、実際に襲撃が起きた場合、自衛隊はどう対応しようとしていたのか。

これについては、当時、陸上幕僚監部の国際協力室長だった井上廣司氏が、元陸軍将校と元幹部自衛官の親睦組織「偕行社」が発行する機関誌「偕行」に次のように記している。

「要は巻き込まれるしかない。危険を承知でやむを得ない状況において他人の喧嘩に巻き込まれた結果、自らを守るために武器を使用するのである。この実行のため、完全防護のレンジャー隊員と救急隊員により特別チームを編成した。この苦しみや悩みは、参加した隊員自身しか理解できないものであろう」

（「偕行」偕行社、二〇一三年七月号）

隊員には、正当防衛と緊急避難の場合にしか武器の使用が認められていなかった。自身が攻撃される状況になって初めて引き金を引けるのである。純粋に他者を守るために武器が使えない以上、自分が巻き込まれるしかないと考えたのだ。まさに「捨て身」の作戦である。

イラク派遣でも、近くで他の多国籍軍の部隊が武装勢力の攻撃を受けて戦闘になった場合、自衛隊も自ら巻き込まれに行って戦闘に加勢しようとしていたという話を前章で紹介したが、カンボジアPKOでも同様のことが考えられていたのである。

しかし、これには現場の施設部隊の幹部からも異論が出た。

西元は五月二〇日の記者会見でこうした任務について発表する直前、現地の派遣部隊に説明するため、自らの側近である陸上幕僚監部の小柳毫向運用課長をカンボジアに派遣していた。

小柳は西元の命令を部隊の幹部たちに口頭で伝え、「俺が責任を取る。要員たちを守ってやってくれ」と頭を下げた。すると幕僚からは「どうやって取るんですか。辞職じゃ済まない。そんな話は聞いてない」と声が上がったという(「朝日新聞」二〇一七年六月五日朝刊)。

また、「活動を実施する根拠を発出してほしい」という意見も出された。通常、このような命令は正式に発簡した文書によって行われる。しかし、この任務の「真の意図」を公文書にすることはできなかったのだ。

部隊の幹部たちの中では議論が紛糾したが、最終的には石下隊長が「やれと言われればやるしかない」と発言し、任務の実施が決まったという(同前)。

「カンボジア派遣史」によると、投票所を回ってパトロールする「情報収集チーム」は、小型車両三〜四両に隊員六〜八人を一チームとして、選挙前半は八チーム、後半は三〜四チームが編成された。投票所が襲撃された場合、現場に急行して選挙監視員の救出・救護を行う「医療救援チーム」は、小隊長と医官以下三四人の隊員で編成された。

医療救援チームと言っても、医療活動を行う医官や衛生隊員は七人だけで、残りの二七人は日本で過酷な戦闘訓練を受けたレンジャー隊員の中から選抜された。ポル・ポト派の攻撃下で、応戦しながら選挙監視員を救出する事態が想定されたからである。

これらの任務は危険性が高いことから、候補となった隊員一人ひとりと面接し、個人の意志を確認した上でメンバーを選抜したという。ある中隊長は、この選抜について次のような「所見」を残している。

〈情報収集・医療支援チームの要員の選定にあたっては、危険性を考慮して不測事態時意志の不安がある場合、即応行動がとれない恐れがあると考え、自隊業務との節調を図り、支援にあたる候補者の枠を決定し、面接を実施して個人の意志を確認して選定した。しかし、自隊業務上参加できなかった者の中には、「命令されれば、参加する。」と言う者もおり、「任務として、命令を受ければ自衛官である以上やることはやる。」という心構えを見せられ、改めて感激させられ、部下の自衛官としての自覚を再確認した〉（『カンボジア派遣史』）

選挙期間中、情報収集チームは投票所をのべ二三八回訪れ、医療救援チームは即応態勢をとって待機していたが、幸いにも出動することはなかった。

総選挙は、当初心配されたポル・ポト派による大規模な妨害活動もなく、投票率は七割前後になるだろうというＵＮＴＡＣの予想を大きく上回り、八九・〇四％に達した。

国連のガリ事務総長は、ＵＮＴＡＣの明石特別代表に送った手紙の中で「目覚ましい高投票率はカンボジア国民の民主主義への熱望を示している」と選挙の成功を称えた。

幕僚の意見具申

西元陸上幕僚長は後に、陸上自衛隊がカンボジアで事実上のパトロールや駆け付け警護を行うことを突如発表した五月二〇日の記者会見について、事前に誰にも相談せず、側近の幕僚たちにも一切関与させず、自分でメモを作成して臨んだことを明かした（防衛省防衛研究所戦史部編『西元徹也オーラル・ヒストリー　元統合幕僚会議議長』下巻)。

しかし、パトロール実施の検討自体は、もっと早い段階から始まっていた。

このことがわかったのは、「カンボジア派遣史」の「資料集その2」に収録されていたある文書からであった。

実は、防衛省が二〇一六年に私に開示した「カンボジア派遣史」には、「資料集その2」は含まれていなかった。資料集の「その1」があるのに「その2」以降がないことを不審に思い、防衛省に問い合わせたところ、「その2」はすでに廃棄されて保存されていないという回答であった。

その後、村上友章・流通科学大学経済学部准教授(現在)が執筆したカンボジアPKOに関する論稿に「資料集その2」からの引用があることに気付き、文書の提供を依頼した。村上氏は快く、文書のコピーを送ってくださった。

「資料集その1」は「注意」指定だったが、「資料集その2」はそれよりも機密度の高い「秘」指定とされており、表紙には「平成17年3月31日をもって破棄」と記されていた。村上氏は二〇〇五(平成一七)年八月に防衛庁に開示請求し、この文書を入手したという。まさに、廃棄される直前のギリギリのタイミングでの開示請求だった可能性がある。

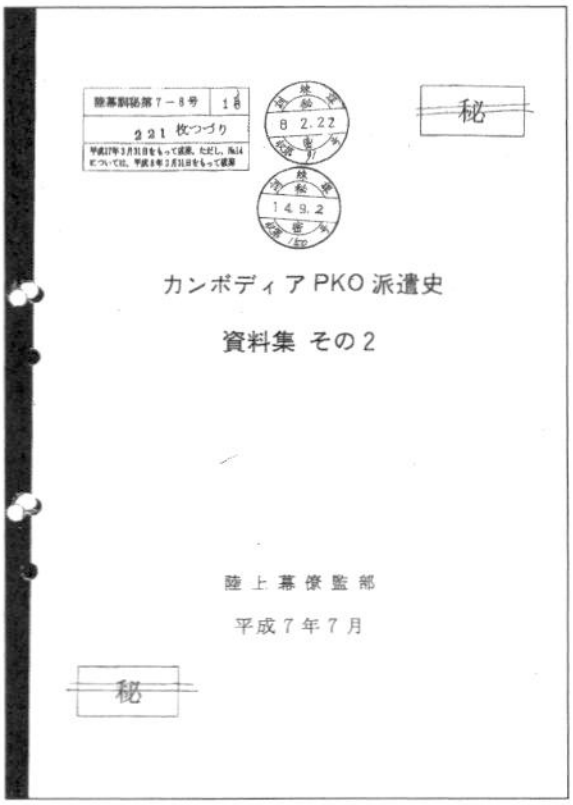

すでに廃棄されたと見られる「カンボジア派遣史」の「資料集その2」。この文書だけ「秘」指定となっている（村上友章氏提供）

「資料集その2」には、UNTAC司令部にLOとして派遣されていた第二次派遣隊の幕僚が一九九三年四月二七日付で作成した「選挙監視要員の安全対策に対する協力について」と題する文書が収録されていた。

これによると、国際平和協力本部からカンボジアに派遣され、陸上自衛隊派遣部隊とUNTAC本部との調整などを行っていた「現地支援チーム」が、派遣部隊に対し、「(投票所の)巡回パトロール」を含む選挙監視要員の安全対策についての協力を依頼したという。これに対し、派遣部隊の石下隊長が、積極的に協力すると回答したことも記されている。

しかし、この文書を作成した幕僚は、巡回パトロールには「やや問題がある」と石下隊長に意見具申した。その理由は、こう記されている。

〈パトロールについては、道路偵察・情報収集とするものの、基本的に同任務はセクター担当歩兵大隊が担当するものであること及び当大隊が日本人配置の投票所のみにパトロールを実施することは、他国よりの反発を受けかねないこと、また万が一同パトロールが戦闘等に巻き込まれた場合これに対して応戦せざるを得ず、ＰＫＯの主体である当大隊の撤退問題にも波及する可能性も否めない〉

資料集に収録されているこの文書には、幕僚の意見具申に対して石下隊長がどのように応じたかは記されていない。しかし、実は文書には続きがあった。私は防衛省に開示請求して、この文書の全文を入手した。これによると、石下隊長は意見具申に同意せず、「できるだけ協力する旨指針を出した」という。

現地の派遣部隊では、西元陸上幕僚長が記者会見で発表する約三週間前に、すでに巡回パトロールの実施を検討し、隊長の石下が前向きな方針を出していたのである。

この資料集には、最終的に事実上の巡回パトロールや駆け付け警護などの実施が決まった後も、隊員たちからは「弾薬数が少なすぎる」「家族に説明がないのはおかしい」「新しい任務をさせるに当たって言うのは簡単、政府高官にも来てもらい状況をみてもらいたい」などの意見が出されたことも記されている。
幕僚からの慎重論に同意せず、巡回パトロールや駆け付け警護の実施要請を受け入れた石下隊長であったが、内心はどう思っていたのだろうか。「カンボジア派遣史」に収録されている、第二次派遣隊の「成果報告」という文書には石下の「所見」も記されているが、この件についてはほとんど述べていない。ただ、現地での活動の過程で「特に感じたこと」の一つとして、こう記している。

〈派遣当初からの説明の枠を越える任務付与（選挙支援時の情報収集活動等）については、特に派遣隊員・家族を含めた慎重な対応の必要性〉

結果的に、当初の説明にはなかった任務、しかも戦闘のリスクのある任務を隊員たちに負わせてしまったことに対する指揮官としての負い目が感じられる一文である。
「カンボジア派遣史」には、第二次派遣隊の隊員家族向けに作成された説明資料も添付されている。これには、「（筆者注：ＰＫＯは）武力などの強制力を使わずに国連の権威と説得によって行います。そのため、国連平和維持活動に参加している部隊は、『戦わない部隊』

とか『敵のいない部隊』と呼ばれ、これが活動の最も重要な特色となっています」と記されている。しかし、実際には、「敵」もいたし、戦闘になる可能性もあったのである。

石下は派遣から二五年が経った二〇一七年、朝日新聞の取材にこう語っている。

「我々は専守防衛でやってきたんじゃないのか。ＰＫＯで命をかけなければいけないのか。その難しさは常にある」

（「朝日新聞」二〇一七年六月五日朝刊）

武器使用についての指揮官の懸念

陸上自衛隊は選挙監視要員の安全確保のために、投票所間の巡回パトロールを実施する方針を固めたものの、問題は、どのようにその活動の正当性を確保するかであった。

ＰＫＯ部隊の活動は、原則として国連の命令に基づいて実行されなければならない。しかし、ＵＮＴＡＣが三月に「作戦命令第三号」を発出した際には、陸上自衛隊は投票所の警戒任務は国内法令上できないと断っていた。その手前、「別の名目」での実施を考えなければならなかった。そこで、ＵＮＴＡＣから付与された任務である道路や橋の補修に付随する「情報収集」として実施することとしたのである。

しかし、「資料集その2」によると、後日、UNTAC軍事部門の工兵部長から、このパトロール活動は日本が国内規定上実施できないと説明してきたPKF本体業務に該当するものではないか、と矛盾を指摘されたという。同資料集には、現地の派遣部隊が武器使用に関してどのように考えていたのかも記されている。

現在のPKOでは、武器使用は「原則として上官の命令によらなければならない」とされているが、当時は「個人判断」であった。しかし、現場の部隊指揮官らは、隊員が武器使用の判断を迫られる事態に遭遇した時、「正当防衛・緊急避難」に該当するかどうかを的確に判断するのは困難だと考えていた。

〈この用語（筆者注：「正当防衛・緊急避難」）の法的な解釈は文書で示されているが、読んで理解するのはなかなか難しい。ましてや、現地でとっさの事態に遭遇した場合には、ただ自分に危険を感じるかどうかが射撃開始の基準となってしまい、「正当防衛・緊急避難」といった概念は判断要素に登場しないと考えられた〉

また、武器使用を隊員個人の判断に委ねた場合、「射撃をしてはいけない時に発砲してしまったり、発砲によって友軍相撃（筆者注：味方どうしの相撃ち）を招いたり、部隊の位置を暴露したり」するなどの問題が生じることも懸念されていた。

しかし、法律で武器使用は個人判断によると決められている以上、発砲命令を下すという形をとることはできない。そこで、「苦肉の策」として、最初の発砲は指揮官が行うことにしていたことが明かされている。

〈やむなく統制は号令で行うのではなく初弾は指揮官が発射することとし、それに隊員が追随する方法を指示していた〉

さらに、武器そのものに対する「不満」も記されている。

〈カンボディアに携帯していった銃は、地区補給処において保管してあった保管銃であった。少なくとも当時、計画担当者は、本当に戦闘するようなことがあるとは思っていなかったのだと思う。極端に言えば、本当に使えない銃ならば、重たい思いをし

て持っていく必要はない。（中略）我々の武器は、個癖の把握や零点規制すら実施しておらず、いわば張り子の虎だったのである〉

銃そのものが「張り子の虎」であっただけでなく、交戦になれば「短時間で撃ち尽くす結果になるといつも心細く思っていた」（資料集その2）と記すほど隊員に割り当てられた弾薬数も少なかった。こんな装備で、隊員たちはポル・ポト派の脅威が残る事実上の「戦地」に送り込まれたのであった。

しかも、派遣前の準備訓練では、射撃訓練を一切行わなかったという。第一次派遣施設大隊の隊長を務めた渡邊隆が筆者の取材に証言した。

「派遣はカンボジアの道路・橋梁の修復が目的でしたので、準備訓練もその訓練に特化して行っていました。派遣予定部隊が事前に射撃訓練を行っていれば、恐らく大変な問題となっていたでしょう。たとえ正当防衛のための射撃であると説明しても、メディアや国民が納得したとは到底思えません」

ＰＫＯ部隊が戦闘をすることはないという政府の説明に合わせるかのように射撃訓練すらできなかったという事実に、私は驚きを禁じ得なかった。渡邊は「そのことに全く不安がなかったとは言えないが、部隊として任務を遂行することに集中していた」と当時を振り返った。

実態と乖離《かいり》した憲法解釈

「カンボジア派遣史」に収録されている第一次派遣隊の「成果報告」に、次のような隊長の「所見」が記されている。

〈大隊は、UNTAC軍事部門司令官サンダーソン中将の指揮下部隊たる工兵部隊に属するが、UNTACにおいては、実際にはPKFとPKOの明確な区分はほとんどなく、むしろミリタリーとしての一体感という感覚を司令官以下全ての軍事部門構成員が持っている。いわゆる広い概念でのPeace Keeping Forcesであり、本国との関連においてそれぞれの国家が参加のための種々の制約を持ってはいるものの、部隊が国家から与えられた大きな枠の中で司令官の指揮下にあることは、疑う余地がなかった。このような一般的軍事常識にある各国からの参加者に対して日本の特殊事項を説明することは、多大の労力を要し、同時に同じ職業にあるものとしてのプライド

に関わることでもあった〉（傍線筆者）

現地で活動した部隊の指揮官が、「実際にはPKFとPKOの明確な区分はほとんどなく」「（UNTAC軍事部門）司令官の指揮下にあることは疑う余地がなかった」と明言しているのである。これは、日本政府が国内で説明していた内容とは明らかに食い違っている。

前述した通り、日本政府はPKO法を成立させるために、「PKF」本体業務への参加を凍結していた。これは、歩兵部隊が行う「PKF」の活動と、工兵（施設）部隊や輸送部隊などが行う後方支援活動が「区分け」できるという前提に立っていた。しかし、この「所見」は、現実にはそのような「区分け」が困難であったことを示している。

UNTACが一九九三年三月に発出した「作戦命令第三号」で、陸上自衛隊の施設部隊にも投票所の警戒任務を命じたのも、その一例であった。たとえ施設部隊であっても、UNTAC軍事部門司令官の指揮下にある「PKF」（PKOの軍事部門）の一員であって、時には警戒・警護などの任務が付与されることもあるのが現実であった。

しかし、すでに述べたように、陸上自衛隊はUNTACのコマンド（日本政府は「指図」と翻訳）を受けると同時に、日本政府（首相）の「指揮」に基づいて活動するとされ、その内容は日本政府が作成する「実施計画」「実施要領」で事細かく決められていた。ここに記載のない任務をUNTACから命令された場合は、その都度、日本での変更の手続きを要した。そのため、活動が硬直化せざるを得ず、「相手が必要とする業務（支援）をタイムリーに実施できず肩身の狭い思いをし、（筆者注：UNTACに）参加している他の国の人達に不信感を与えるばかりであった」（第二次派遣隊の「成果報告」）という。

そもそも、国連はこのような事態を回避するためにPKOにおける「二重指揮」を禁じていた。国連がPKO要員の教育用に作成した教材「平和維持訓練マニュアル」には、「作戦に関して、派遣国当局から命令を受けてはならない」と明記されている。指揮系統が二重になった場合、「重大な作戦上または政治的な困難を引き起こしかねない」からだ。この点はPKO法案の国会審議の中でも問題にされたが、日本政府は、自衛隊のPKO参加部隊を「指揮」するのはあくまで日本政府だという見解を貫いた。

これは、PKO法を成立させるにあたって日本政府が行った憲法解釈の変更とも密接に関わっていた。

国連が行う平和活動への参加について、日本政府は従来から、「目的・任務が武力行使を伴うものであれば、自衛隊がこれに参加することは憲法上許されない」（一九八〇年政府答弁書）と説明してきた。国連平和協力法案（廃案）が提出された一九九〇年一一月の国会でも、工藤敦夫内閣法制局長官が「平和維持軍的なものに対しては参加することが困難な場合が多いのではないか」と答弁していた。

ところが、ＰＫＯへの自衛隊派遣を可能とするため、翌一九九一年九月に、「仮に平和維持隊などの組織が武力行使に当たるようなことがあるとしても、我が国として自ら武力の行使はしない、かつ平和維持隊などの組織が行う武力行使と一体化するようなことがなければ、我が国が武力行使するという評価を受けることはない」（工藤内閣法制局長官）と憲法解釈を変更する。

そして、仮にＰＫＦが武力行使することがあっても、陸上自衛隊がそれと一体化しないことを担保するために、日本政府による「指揮」と国連による「指図」の「二重指揮」を正当化したのである。

しかし、これはあくまで日本政府が憲法九条との辻褄《つじつま》を合わせるために生み出したロジックであって、「ＰＫＦ」の実態とは乖離していた。それが初のＰＫＯ参加となったカンボジアで早くも露呈したのであった。

別紙第３２３－１

事案発生状況

時期			1期（編成完結～移動～交代）		第2期（国際協力業務実施間）			
					第1段（選挙活動開始～選挙終了まで			
			件数	３．８～４．１３	件数	選挙前 4.14～5.22	件数	選挙中 5.23～6.2
特性			日本国内の反対勢力の動きは我に影響を及ぼすことはなかった。 カ国においてはＮＡＤＫの活動が北部地域から南下する傾向があった。 （ベトナム人の排斥）		ＮＡＤＫとＣＰＡＦ間の勢力圏争い及びＵＮ要員を狙った事案の発生が頻発　（ＮＡＤＫの選挙妨害） 各政党間による地域住民への威嚇が発生		ＮＡＤＫが直接の選挙妨害を目的として、投票所を攻撃する事案が発生	
事案	主要ＣＦＶ	全土	７	大規模の戦闘は減少し、小規模の砲迫戦が継続 トンレサップ湖周辺のベトナム人虐殺	１１	コンポンチャム，コンポントムを中心にＮＡＤＫとＣＰＡＦが戦闘激化、政党間抗争頻発	０	
		活動地域	３	カンポット州Ｒ１６、Ｒ３６付近でＮＡＤＫとＣＰＡＦ間の戦闘散発	７	カンポト、コンポンスプー地域でＮＡＤＫとＣＰＡＦとの戦闘が頻発	０	
	対UNTAC	全土	５	選挙妨害を目的としたＮＡＤＫによるＵＮ Ｃａｍｐ砲迫撃が散発 （１名死亡）	１７	ＵＮ装備品の強奪、要員の襲撃、威嚇が頻発 （死亡５名、負傷１４名）	４	投票所への迫砲撃、攻撃が発生　（負傷者１名）
		活動地域	３	プノンペン、カンポト、コンポンスプーにおいて事案発生（１名死亡、１名負傷）	４	コンポンスプー（ブルガリアBn）に対するＮＡＤＫの攻撃 （死亡２名、負傷３名）	３	カンポット（チュムキリ）で投票所の攻撃激化、一時投票所閉鎖
	ヘリの被弾	全土	１	プノンペン北側２２Ｋｍで被弾、負傷者無し	１	コンポンチャム付近で被弾負傷者無し	０	

※　ＣＦＶ事案件数は、死傷者の発生したもの。

カンボジア各地で戦闘が頻発していたことを示す「カンボジア派遣史」収録の表

「フィクション」だったPKO参加五原則

「PKO参加五原則」も、日本政府が憲法九条との辻褄を強引に合わせるために作り出した「フィクション」であった。

停戦合意があり、受入国がPKOの活動に同意していれば、「国または国に準ずる組織」がPKO部隊に敵対行為を働くことはないはずなので、自衛隊が戦闘に巻き込まれて憲法九条が禁じる武力の行使に至ることはない。万が一、停戦合意や受け入れ同意が崩れた場合は、活動を中止して撤収する——というロジックである。

しかし、現実には、ポル・ポト派はPKO部隊にたびたび攻撃を仕掛けたし、ポル・ポト派とプノンペン政府軍との戦闘が激化しても、選挙の実施を前に日本だけが陸上自衛隊を撤収させることは困難であった。

自衛隊派遣前、武装解除を拒否するポル・ポト派について「武力を行使するかというと、そうはしないし、（停戦の）約束は守る、こう言っておるわけです」と国会で話した渡辺美智雄外務大臣は、現地で戦闘が激化してきた一九九三年二月、こう答弁した。

「一部戦闘があったからといって、じゃ日本だけが、もうこれは危ない、じゃあ先にごめんなさいというわけにもなかなかこれはいかないわけでございますから、そこらのところをよく見据えて、鎮静化にまず最大限の努力をしながら、身の安全も並行的に考えていくしかないのじゃないか」（一九九三年二月四日、衆議院予算委員会）

結局のところ、部隊をいったん派遣してしまえば、武力行使のリスクから完全に逃れることは不可能というのがＰＫＯの現場の実態であった。カンボジアＰＫＯへの参加で、ＰＫＯ参加五原則と現実との乖離が浮き彫りになったにもかかわらず、日本政府はそのことに蓋をしたまま派遣を重ね、二四年後、南スーダンで「ジュバ・クライシス」を迎えたのである。

インタビュー② 第一次カンボジア派遣施設大隊長・渡邊隆氏に聞く

この二五年間は一体なんだったのか

――陸上自衛隊初の海外派遣部隊の指揮官に指名された時はどう思われましたか?

それまで五年ほど陸上幕僚監部と内局（防衛庁長官の副官）で勤務していたので、そろそろ部隊に戻って大隊長になりたいと考えていました。しかし、長官の副官をやった経験を活かして、引き続き中央で予算関係の仕事をやってほしいと言われていました。それで部隊に戻るのを諦めかけていたら、ある日突然、「大隊長になれるぞ」と。どこの大隊長かと思ったら、カンボジアに派遣される施設大隊の隊長だったのです。最初は驚きましたが、とにかく永田町・霞《かすみ》が関の喧騒《けんそう》から逃れたいと思っていたので、部隊に戻れることがうれしかったと記憶しています。

――当初の予定と違い、ポル・ポト派が武装解除を拒否する中での派遣となりましたが、指揮官として懸念はありましたか?

渡邊隆氏（本人提供）

そこはあまり考えませんでした。現地に到着してからも、小競り合いのようなものは連日起きていました。ただ、和平協定そのものが破棄されて、再び内戦に逆戻りするようなことはないだろうと考えていました。

――現地で指揮官として苦労したことは？

自衛隊は日本政府が定めた実施計画や実施要領に書かれている活動しかできないので、そのことをＵＮＴＡＣの司令部に理解してもらうのに苦労しました。選挙が近くなると、ＵＮＴＡＣの司令部は工兵部隊にも投票所の警戒などの任務を付与しました。これはＰＫＯ法で凍結されたＰＫＦ本体業務に当たるので、自衛隊にはできないと伝えました。司令部の幹部たちは日本の事情をよく理解していましたが、末端の軍人の中には「何で日本隊はやらないのか」と不信感を持つ者もいました。これに対しては、根気強く説明していくしかありません。同じ地域で活動していたフランス軍の大佐には、一時間以上かけて、憲法のことなど日本の事情を丁寧に説明しました。彼は、私の話が終わると、「わかった」と理解を示してくれました。

――一次隊が帰国する直前、国連ボランティアの一員として選挙監視員をしていた中田厚仁さんが殺害される事件が起こります。第一報を聞いた時、どう思われましたか？

ついに犠牲者が出てしまったか、と。今だから言えますが、カンボジアでPKOの仕事をする以上は、いずれ誰かが犠牲になるかもしれないと覚悟していました。選挙が近づき、治安情勢も徐々に悪化していた矢先の出来事でした。

――その後、文民警察官として派遣されていた髙田晴行さんも殺害されます。日本政府は選挙監視員として派遣された約四〇人の日本人を守るために、自衛隊に情報収集の名目で各投票所を巡回させることを決めます。現場の隊員たちは、投票所がポル・ポト派などの襲撃を受けた場合、駆け付けて、あえて自らが攻撃を受けることで武器を使用して選挙監視員を守ることまで考えていました。そのことについて、当時どう思われていましたか？

私はもう帰国していたので日本で見ていただけですが、武器使用などに関して法的な制約がいろいろとある中で、現地の隊員たちがギリギリのところで編み出したやり方がこれしかなかったということです。当時はいわゆる駆け付け警護が認められておらず、正当防衛・緊急避難でしか武器を使用できなかったので、自分を盾にすることでしか選挙監視員を守れなかったのです。もちろん隊員たちには大きなリスクがありましたが、選挙監視員の日本人を守るためには、自衛隊がそのリスクを負うしかないという判断だったと思います。

――日本は今後、国連ＰＫＯにどのように関わっていくべきだと思いますか。

私は、ＰＫＯだけを議論する時代はもう終わったと考えています。

私がカンボジアに派遣された当時は、冷戦が終わり、これからは国連が主導して地域紛争を一つひとつ解決していけば世界は平和になるだろうという期待がありました。また、その中で日本も積極的な役割を果たし、ゆくゆくは安保理常任理事国入りを実現するという実利的な目的もありました。しかし、現実はそうはなりませんでした。現在の米中対立や米露対立に対して、国連の主導権はまったくありません。こういう状況においては、ＰＫＯをどうしていくかよりも、日本の防衛をどうしていくかの方がはるかに大事です。そんな時代になってしまったのだと思います。とすると、カンボジアから南スーダンまで、陸上自衛隊がＰＫＯに参加した二五年間は一体何だったのかと思わざるを得ません。

第四章　東ティモールＰＫＯ／ルワンダ難民救援／ゴラン高原ＰＫＯ

南スーダンPKOに参加する陸上自衛隊部隊に、「駆け付け警護」などの新任務を付与することの是非が議論されていた二〇一六年秋の臨時国会。駆け付け警護に関する政府答弁の中で気になるものがあった。

「過去、自衛隊が東ティモールや当時のザイールに派遣されていたときにも、不測の事態に直面した邦人から保護を要請されたことがありました。自衛隊は、十分な訓練もなく、任務や権限が限定された中でも邦人保護に全力を尽くしてくれました。(中略)しかし、これまでは法制度がないため、そのしわ寄せは結果として現場の自衛隊員に押し付けられてきました。本来あってはならないことであります」

(安倍晋三首相、二〇一六年一一月二八日、参議院本会議)

東ティモールやザイール(現在はコンゴ民主共和国)への海外派遣でも、現地にいる日本人から保護を要請され、事実上の駆け付け警護を実施したことがあるというのである。

当時は、任務遂行のための武器使用を必要とする駆け付け警護は認められていなかった。そのため、隊員たちは「情報収集」など別の名目で、かつ不十分な武器使用権限の下で任務を実行せざるを得なかった。しかし、二〇一五年のＰＫＯ法改正で駆け付け警護が認められるとともに、任務遂行のための武器使用も可能となったので、隊員たちのリスクは低減するというのが安倍首相の説明だった。

この答弁を聞き、私は東ティモールやザイールでの事例について興味を持ち、自分でも調べてみたいと思った。自衛隊に駆け付け警護という新任務を付与する論拠として首相が挙げている以上、きちんと検証しなければならないと考えたのである。

ディリ暴動で現地邦人を「救出」

日本政府は二〇〇二年二月から二〇〇四年六月までの二年四カ月、ＰＫＯ「国連東ティモール支援団（ＵＮＭＩＳＥＴ）」に陸上自衛隊の施設部隊を派遣した。施設部隊は、首都ディリを含む四カ所に分散展開し、主要幹線道路の補修をはじめとする施設整備や給水所の運営などの活動に当たった。

東ティモールは、インドネシア・バリ島の東方に位置するティモール島東部の小さな国

（国土面積は東京、千葉、埼玉、神奈川の四都県を合わせた程度）で、二〇〇二年五月にインドネシアから独立した。ＵＮＭＩＳＥＴは、東ティモールの国づくりを支援するために設立されたＰＫＯであった。

陸上自衛隊の派遣部隊が「邦人救出」を行ったのは、第二次派遣隊が活動中の二〇〇二年一二月四日のことであった。この日、陸上自衛隊が宿営地を置くディリ市内で大規模な「暴動」が発生したのである。

私の情報公開請求に対して防衛省が開示した「東ティモールＰＫＯ行動史（以後、東ティモール行動史）」という内部文書は、事案の概要を次のように記している。

〈2002年12月4日午前に、ディリ市内で大規模な暴動が発生した。最初は小規模の一般デモであったのが、警察側の発砲により瞬く間に拡大し、東ティモール政府及び国連警察では事態掌握と統制が全く不能な状態になった。そして午後に入り、デモが自衛隊のディリ宿営地のある西側に向かい拡大して行った〉

この日は朝から、若者たち数百人がアルカティリ首相の退陣を求めてディリ市中心部の政府庁舎や国会の前でデモを行っていた。デモ隊の中に投石を行う者がいたため、警察が発砲し両者が衝突。デモに参加していた学生三人が死亡したことから暴動へと発展し、首相の私邸や国連文民警察の本部などが襲撃されたほか、商店やホテルも投石、放火、略奪を受けた。自衛隊を支援するために派遣されていた内閣府の連絡調整要員が拠点とするホテルも襲撃された。

こうした中で、市内でレストランを営んでいた日本人男性が、自衛隊に救助を要請する。これに応じる形で、自衛隊は「邦人救出」を行ったのであった。「東ティモール行動史」は、こう記している。

〈暴動事案の最中、市内で危険に瀕していた日本人レストラン経営者が携帯電話にて第2次派遣施設群に救出を求めてきた。一方、ＰＫＦ司令部勤務の陸上自衛官から内閣府連絡調整事務所要員（現地職員含む）等を安全な場所に移動させたい旨連絡があ

「東ティモールＰＫＯ行動史」

った。さらに、第2次派遣施設群の隊員3名が休暇中で市内に滞在していることが判明した。このため、自己の隊員の安全確保と一般人の人道的観点による掌握のため、偵察チームを速やかに派遣し、PKF司令部陸自要員と協力しつつ、邦人5名及び外国人4名を掌握しディリ市内から第2次派遣施設群の宿営地に収容した〉

「偵察チーム」とあるので、活動の名目はあくまで「偵察＝情報収集」だったと推察される。救出活動は、市内に滞在中の自衛隊員を迎えに行くという口実で出動し、市内を「偵察」する過程で民間人や内閣府の連絡調整要員も乗せてくる、というロジックで行われた。

東ティモール派遣では、武器の使用は正当防衛と緊急避難の場合に限られていた。攻撃されれば反撃できるが、攻撃を受けない限り、輸送中に群衆に囲まれて立ち往生しても威嚇射撃もできない。そのため、暴動に巻き込まれないよう、慎重に迂回《うかい》を重ねて宿営地に帰還したという。

一晩で逮捕者の仮収容施設を建設

「東ティモール行動史」には、さらにこんな記述もある。

〈午後に入りデモが西部地域へ拡大するのに伴い、一般人がディリ宿営地に保護を求めてきた。一瞬の戸惑いはあったが、人道的観点から収容すべきと判断し、夕方までに邦人17名、外国人24名の合計41名（内女性9名）を収容した〉

陸上自衛隊が宿営地に保護した外国人の内訳は、中国人七人、シンガポール人五人、東ティモール人四人、インドネシア人三人、オーストラリア人三人、スリランカ人一人、台湾人一人であった。後日、中国人と台湾人から感謝状が寄せられたという。同文書は、「これらの行動は、特に、第2次派遣施設群引いては日本に対する信頼を一層深めた」と記している。

宿営地への民間人の保護という任務は「実施計画」や「実施要領」にはなかったが、日本政府も「緊急避難的に人道上の観点から行ったものと承知しており、何ら問題ないと考える」と説明した。

ディリの暴動はポルトガル軍の歩兵部隊の出動などにより一日で鎮静化したが、この直後、自衛隊はＵＮＭＩＳＥＴから思わぬ緊急命令を受ける。

暴動に加わり逮捕された者を一時的に収容する施設を二つ、急いで建設するよう求められたのだ。

「東ティモール行動史」によれば、自衛隊は一〇メートル四方の仮収容施設と外柵を一晩で建設したという。

防衛庁が作成した別の内部文書によれば、ＵＮＭＩＳＥＴは当初、仮収容施設への逮捕者の輸送も陸上自衛隊に打診してきたが、これは結局、東ティモール警察が実施したという。

このように、暴動などの緊急事態発生時には、ＰＫＯ司令部から予期せぬ命令が次々と発令される。そのたびに、陸上自衛隊の派遣部隊長は実施計画で認められている任務なのかどうかで頭を悩ませた。こうした「緊急任務対応時の指揮」について、第二次派遣施設群の群長を務めた大坪義彦は、「東ティモール行動史」に収録されている「指揮官所見」の中でこう述べている。

〈（筆者注：緊急時には）予想できない事態が必ず発生するという実感を強く持つようになった。このような状況においては、これまた予想もしていなかった様々な要求が国連からなされた。また、現実に対応すべき避難者が目前に存在するのが実態であった。そして、その決心と実行には殆ど時間的猶予がないのも現実であった。これらに対してどのように対応すべきか、示された実施計画の項目が明確な判断基準にならない要請内容などもあり、いくら考えても合理的に結論できないものもあった〉

しかし、日本政府が国会に提出した東ティモールPKO派遣の報告書（「東ティモール国際平和協力業務の実施の結果」二〇〇四年七月）では、ディリ暴動の際の対応や、国連からの命令で実施したさまざまな想定外の任務については一言も触れられていない。そして、「実施計画には、現地での要請が予想される業務を予め幅広く定めていたため、施設群が現地で相当程度柔軟に対応することができた」と結論付けている。ここは、「東ティモール行動史」に記されている大坪群長の所見と食い違っている。

ルワンダ難民支援でザイールへ

もう一つ、自衛隊が事実上の駆け付け警護を実施したケースが、一九九四年九月から一二月にかけて実施された「ルワンダ難民救援活動」であった。

第一章でも簡単に触れたが、ルワンダでは、一九九〇年に多数派のフツ族を中心とした政府軍と、少数派のツチ族の武装勢力（ルワンダ愛国戦線＝ＲＰＦ）との間で内戦が勃発していたが、一九九三年八月に周辺国の仲介などで和平協定（アルーシャ協定）が締結され、三年に及んだ内戦が終結した。

しかし、翌一九九四年四月にハビヤリマナ大統領が乗った専用機が何者かに撃墜される事件が発生し（大統領は死亡）、それを契機に政府軍とＲＰＦとの内戦が再燃した。内戦では、政府軍兵士やフツ系過激派民兵による、ツチ族や穏健派のフツ族に対するジェノサイド（大量虐殺）が発生。虐殺は、ＲＰＦが政府軍に勝利する七月中旬まで続き、約一〇〇日間に虐殺されたツチ族や穏健派のフツ族は八〇万人以上に及んだ。

ＲＰＦの勝利後、報復を恐れた旧政府軍兵士や過激派民兵を含めて大量のフツ族住民が難民となって、隣国のタンザニアやザイールに逃れた。

特に、ザイールの国境近くの町、ゴマ市とその周辺には一〇〇万人を超える難民が流入した。難民キャンプの環境は劣悪で、食糧・飲料水不足のほか、コレラや赤痢などの感染症が蔓延し、一日に二〇〇〇人近くが死亡する時もあった。

この人道危機に対して、国連機関のＵＮＨＣＲ（国連難民高等弁務官事務所）が一九九四年七月末、各国政府にルワンダ難民の救援活動を要請。これを受けて、日本政府は三度にわたって現地に政府調査団を派遣した上で九月中旬、ザイールへの陸上自衛隊派遣を閣議決定した。

ちなみに、ザイールへの自衛隊派遣を決めたのは、自社さ連立政権発足によって首相になった社会党所属の村山富市だった。

二年前にはＰＫＯ法案に反対し、カンボジアＰＫＯへの派遣にも反対した村山がザイールへの自衛隊派遣を決めたことについて、野党・共産党の議員は国会で「重大な変節」と厳しく批判した。

これに対して村山首相は、「自衛隊が武装されたまま兵力として使われるというようなものについては断じて承服できない、賛成できないという立場は一貫している」と反論し、ザイール派遣については「あくまでも人道的な面で国際的な貢献を果たす必要があるということで派遣を決めた」（一九九四年九月一六日、参議院決算委員会）と説明した。

ザイールに派遣する部隊の規模は二六〇人で、九月下旬から一二月末までの約三カ月間、医療、防疫、給水、施設整備などの難民救援活動を実施するとした。

この派遣はＰＫＯ法に基づくものであったが、国連が統括するＰＫＯへの参加ではなかった。UNHCRからの要請に基づく「人道的な国際救援活動」としての派遣であった。国連の指揮の下で他国部隊と連携して活動するPKOとは異なり、あくまで陸上自衛隊が独自に行う活動であった。

ちなみに、日本政府が一回目の調査団を現地に派遣した時点（八月初旬）では米軍とフランス軍が現地で活動していたが、現地の治安悪化を受けて八月には米軍が、九月にはフランス軍が早々に撤退してしまった。そのため、自衛隊は「軍隊」としては単独で活動を行う羽目になってしまったのである。

ザイールでの「邦人救出」

私の情報公開請求に対して防衛省が開示した「ルワンダ難民救援隊派遣史（以後、ルワンダ派遣史）」という内部文書によると、ザイールで自衛隊が行った「邦人救出」事案の概要は次のようなものであった。

一九九四年の現地時間で一一月三日午前九時頃、ゴマ地区にあるキブンバ難民キャンプで日本のNGO「アジア医師連絡協議会（AMDA）」の車両（レンタカー）が難民に囲まれ、強奪された。

車両には日本人スタッフ三人を含む一〇人が乗っていた。AMDAのスタッフらは同キャンプ内にあるUNHCRの事務所に避難し、ちょうど同キャンプ内で防疫活動中だった自衛隊員にゴマ市内の宿舎までの輸送を要請。自衛隊員は、宿営地の部隊本部に無線で連絡し、判断を仰いだ。

救援隊長の神本光伸《かみもとみつのぶ》一佐は、部隊本部の第三科長、佐藤法夫《のりお》二等陸佐を長とする二二人の緊急対応部隊を編成し、高機動車三台と救急車一台で現場に急行させた。

緊急対応部隊はそのままキブンバ難民キャンプには進入せず、約五〇〇メートル手前で停止した。そして、佐藤二等陸佐と途中で合流したUNHCRの日本人スタッフの二人だけでキャンプに入り、UNHCRの事務所でAMDAのスタッフらの状況を確認。その後、キャンプの外で待機させていた高機動車一台を前進させ、AMDAのスタッフらを収容してゴマ市内の宿舎まで輸送した。

当時、この事案を一面で報道した「朝日新聞」の記事は、「ルワンダ難民救援の実施計画では、宿営地外での警備や邦人の救出は任務に入っておらず論議を呼びそうだ」としている(一九九四年一一月四日朝刊)。つまり、自衛隊が実施計画にない任務外の駆け付け警護や邦人救出を独断で行ったのではないか、と疑義を呈したのである。

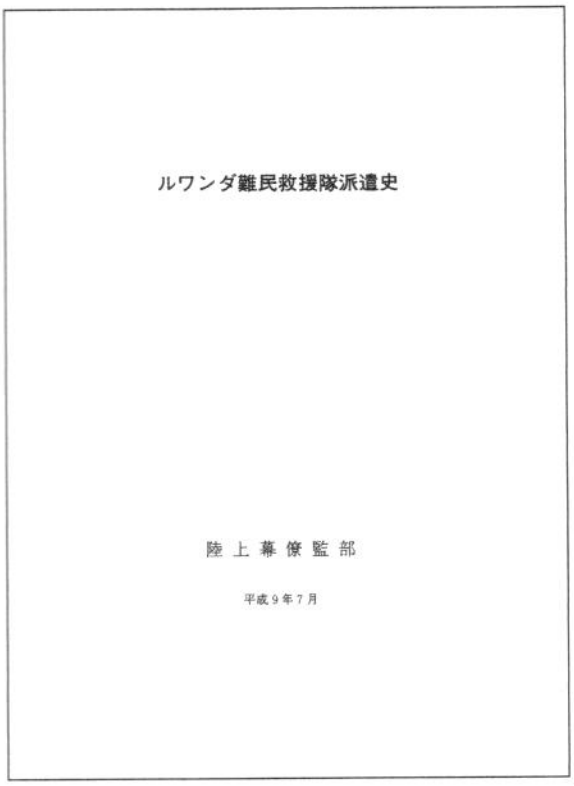
ルワンダ難民救援隊派遣史

陸上幕僚監部

平成9年7月

「ルワンダ難民救援隊派遣史」

これについて「ルワンダ派遣史」は次のように記している。

〈この事案発生に当たっては、救援隊の実施計画の範囲内にない宿営地外における警護や邦人の救出と、計画の範囲である輸送のいずれに該当するかという判断が微妙であるとされたが、救援隊長は「車両を強奪された人を車に乗せて帰ることは任務内の輸送に当たる。実施計画上の問題というよりも、日本人が危険な状態にないかどうか人道上の観点から確認することが重要であると判断した。」とマスコミに対して明言した〉

結果的には、陸上自衛隊はAMDAスタッフの輸送しかしていないので、「任務内の輸送に当たる」という神本救援隊長の説明は間違っていない。だが、高機動車だけでなく救急車も派遣したのは、怪我人《けがにん》が出る事態も想定していたということだろう。

このケースでは、まずは難民に車両を強奪されたＡＭＤＡスタッフの日本人が危険な状態にないか確認することが重要だと判断し、現場に緊急対応部隊を急行させたという。もし日本人が危険な状態に置かれていたら、実施計画にはない「武器を使っての救出」まで行おうとしていたのだろうか。

「脅すくらいの心構えでやれ」

「ルワンダ派遣史」にはそこまで明記されていないが、神本は退官後に著した回顧録（『ルワンダ難民救援隊　ザイール・ゴマの80日』）の中で、こう指示したとはっきりと書いている。

「急いでできるだけ多くの隊員をつれてキブンバキャンプに行き、ＡＭＤＡの一行を救出してもらいたい。小銃、鉄帽、防弾チョッキを忘れるな。必要があれば少々脅すくらいの心構えでやれ」

さらに神本は、緊急対応部隊の出動を指示した時の心境を次のように振り返っている。

「日本人が襲われたとあっては何としても救い出さねばならない。（中略）アフリカには弱肉強食のルールがあり、救出に向かわねば日本人が次々と襲われると確信していた。だから、脅すくらいの構えで対応するのが必要と思って、あえて幕僚にはきつめの口調で言い渡した」

つまり、緊急対応部隊急派の目的には、難民への「威嚇」も含まれていたということだ。神本には、ＡＭＤＡのスタッフらを安全に輸送するだけでなく、「日本人に手を出したら、自衛隊が出ていくからな」というメッセージを難民らに伝える意図があったことが、この手記から読み取れる。

実は、これには「伏線」があった。

「ルワンダ派遣史」によれば、この事案が起こる前日の一一月二日、救援隊本部では、ゴマ市周辺の治安悪化を受けて「情勢分析検討会」が開かれたという。そこでの情勢分析についいて、こう記している。

〈情勢分析では、ルワンダ愛国戦線（RPF）が難民キャンプ及びゴマ市内の治安悪化を工作しているという見方が大勢を占め、実際にキブンバ難民キャンプ地区で旧政府軍関係者の難民がRPFの工作員数名を公開処刑（銃殺）するなど、治安の悪化を懸念され緊張が高まっていたが、難民に対する救援活動を阻害するため、まず武力を持たないNGOやUNHCR等の関係者が襲われるおそれがあり、同じ地域で活動する救援隊も何時それらの事件に巻き込まれるかもしれないと見積もっていた〉

神本はこの検討会で、「特に治安の悪化が懸念される難民キャンプへの立ち入り制限と防弾チョッキ及び鉄帽の携行を強く指導した」という。AMDAの車両強奪事件は、この矢先の出来事であった。神本は、緊急対応部隊を難民キャンプに派遣して「脅すくらいの構え」で対応することで、今後の同種事案の発生を抑止しようとしたのだろう。

しかし、実際に難民キャンプに向かった緊急対応部隊は、神本の意図とは真逆の対応をとっていた。高機動車の車列で周囲を威圧しながら難民キャンプに入るのではなく、あえてその手前で停車させ、佐藤第三科長とUNHCRの日本人スタッフの二人だけで歩いて難民キャンプに入っていったのである。

神本は帰国後、部下から事の真相を聞かされたという。

「隊長、ＡＭＤＡ事件のとき、部隊の出動に一時間かかったのをご存知ですか？　実は隊長から命令を受けた幕僚は、上級部隊と調整し、ＵＮＨＣＲの長和氏を伴い、一時間遅れでキブンバキャンプに向かい、キャンプの入り口付近でひとまず部隊を待機させ、幕僚と長和氏がＡＭＤＡの一行が避難していたＮＧＯの天幕に用心深く近寄り、問題ないことを確認して彼ら（一三名）を無事に収容してゴマ市内まで輸送した、というのが実情のようです」

（『ルワンダ難民救援隊』）

現地の幕僚から相談を受けた日本の上級部隊は、万が一にも銃撃戦にでもなって任務外の駆け付け警護を行ったとなれば大問題になると考え、慎重に対応するように指示したのだろう。

このことについて、神本は「今回私は優秀な幕僚のお陰で事なきを得た」としつつも、「何故か釈然としない」と不満を漏らしてもいる。そして、その理由を次のように記している。

「AMDA救出事案の際、私は日本人としては当然と思い救出命令を発した。だが命令を受けた幕僚は命令に疑問をもち上級司令部に打診した。命令する場合には法律に従うのは当然のことであるが、戦場のような場面や海外における行動のような場合は、法律が想定していないことがしばしば発生し得るのである。その場合一々命令の適法性を議論していたのでは部隊は動けないし、安全を確保するための勝機を逸するのである」

確かに、神本の意見には一理ある。海外の紛争地で発生する不測の事態には、対応に一刻を争う場合もある。少しの遅れが、人間の命を左右する——そんな時に、日本の上級部隊に対応を相談している暇《いとま》はない。現場の指揮官の責任において判断し、部隊は指揮官の命令に従って行動するのが本来の「軍隊」のあり方だろう。

しかし、緊急対応部隊が神本隊長の指示通り、「脅すくらいの構え」で難民キャンプに進入していたら、どうなっていただろうか。

難民の中には、元ルワンダ政府軍兵士や民兵が多数いたほか、治安悪化を目論《もくろ》むRPF

の工作員も紛れ込んでいた。自衛隊が「飛んで火に入る夏の虫」になっていた可能性も否定できない。仮に銃撃戦にでもなっていたら、大量の難民を敵に回し、救援活動自体が続行できなくなっていたおそれもある。

政府が国会に提出したルワンダ難民救援活動の報告書（「ルワンダ難民救援国際平和協力業務の実施の結果」一九九五年二月）では、緊急対応部隊を急派してAMDAスタッフらの輸送を行ったことについては一言も触れられていない。ただ、「NGOからの求めに応じ、輸送を始めとして必要な協力を行った」と一般的な内容が記述されているだけだ。

「頭上を銃弾が飛び交った」

日本政府は自衛隊をザイールに派遣した当時、現地の治安状況について次のように説明していた。

「我が国の国際平和協力隊が活動するザイールのゴマ地区の治安につきましては、ゴマ空港及びゴマ市内は比較的平穏でありますが、ゴマ市から離れた地域にある難民キャンプにおきましては、援助関係者に対する脅迫や一時的な道路封鎖等が発生するなど不安定な状況も見られます。しかしながら、現状においては、国際平和協力隊の活動に具体的な支障が及ぶような状況ではないと考えております」

（村山富市首相、一九九四年一〇月五日、衆議院本会議）

しかし、実際に難民キャンプで起きていたのは、「援助関係者に対する脅迫や一時的な道路封鎖」といった生易しいものではなかった。

それをうかがわせる記述が、「ルワンダ派遣史」の「医療活動」の項にある。

自衛隊は常時三〜四人の医官を始め、約二〇人の要員がザイール国立ゴマ病院に詰めて、外科と内科の診察・治療を行った。診察時間は通常九時から一六時までであったが、深夜に呼び出され緊急手術を行うことも一〇回に及び、**「患者の大半は、手榴弾等の爆発や銃撃事件による負傷等、極めて緊急性の高い重大な事件における被害者が多く、日本では考えられないようなゴマ地区の治安の悪さを露呈するものであった」**と記している。

一一月二五日には、ゴマ地区のある難民キャンプでルワンダ難民とザイール人住民の衝突が起こり、事態収拾のために駆け付けたザイール軍兵士の発砲により約九〇人のルワンダ難民が死傷する事件も発生していた。

自衛隊は、ゴマ空港に隣接する土地に宿営地を置いた。村山首相が国会で「比較的平穏」と説明した場所だ。しかし、「ルワンダ派遣史」によると、ここもけっして「平穏」ではなかった。

一〇月一六日夜、宿営地から数百メートルの距離にあるルワンダとの国境付近で、ルワンダ軍とザイール軍が約五〇分間にわたって銃撃戦を行い、宿営地の上空にも数発の曳光弾が飛来したというのだ。

「ルワンダ派遣史」には、派遣された隊員の「所見集」が付録で付いているが、「衛生救護」を担当した二曹の隊員がこの夜のことを次のように記している。

〈ゴマに来て3日目の夜、同僚とシャワーを浴びて幕舎へ帰る時、誰かが「伏せろ!」と叫んだ。突然銃声がして、頭上を銃弾が飛びかった。そのうち、「人が撃たれた。担架をもってこい。」と言われ、近くにあった担架をもって警衛所へ走って行くと、撃たれていたのはザイール人であった。日本人ではなかったのでホッとしたが、そんなことは言っていられず、一見して銃で撃たれたものと分かった。宿営地内の医務室へ搬送し、医者の診断を受けた結果、左大腿部貫通銃創で応急手術が必要とのこと、野外手術システム車で緊急手術が実施された。システム車での手術は、これが最初で最後で、深夜まで処置等が続いた。以後、毎晩ではないものの銃声のする夜が続いた〉

実は、防衛庁と陸上自衛隊内では、派遣前からゴマの治安を懸念する声が強かった。防衛庁・陸上自衛隊からも八人が参加した「ルワンダ難民支援実務調査団」が八月下旬にゴマを訪れた際、銃撃戦に遭遇していたからだ。

帰国後、防衛庁は調査団の報告書に「白昼の銃撃戦があったと書くべきだ」と主張。しかし、自衛隊派遣に前のめりになる外務省は「治安の悪化を強調しすぎると、派遣そのものができなくなる恐れがある」として、報告書では「空砲が発射された」と表現するよう求めたという（「朝日新聞」一九九四年九月二三日朝刊）。

防衛庁は、調査団員が弾着の土煙を目撃していることなどを挙げて「事実と違う」と強く反論したが、外務省は最後まで「銃撃戦」の表現に難色を示し、結局、報告書には「近くで銃撃が行われるのを見た」と記述された。

ザイール派遣でも、派遣への障害となりそうな治安悪化情報の隠蔽・矮小化が行われていたのである。

ルワンダ難民救援隊の隊長を務めた神本は、「ルワンダ派遣史」に次のような所見を記している。

難民キャンプで防疫活動を行う自衛隊員（防衛省ウェブサイトより）

〈最後まで不安と緊張が続いたが、救援活動は無事に終わった。恵まれた条件ではなかったが、一人の犠牲者を出すことなく、一発の銃弾を発射することなく任務を終了できたのは誠に幸運であった。（中略）／難民の劣悪な生活環境、エイズ感染の危険と背中合わせの救援活動、子守歌代わりの銃声、宿営地上空への曳光弾の飛来等、今となってはすべてが懐かしい。救援活動を「51点」、隊員の活動を「101点」と私は評価したい〉

武器使用を回避する行動

東ティモールの事例でも、ザイールの事例でも、結果的に陸上自衛隊は邦人民間人を輸送しただけで、武器を使用しての駆け付け警護を行ったわけではなかった。

ザイールの事例では、あえて救出を待つ邦人らがいる難民キャンプの手前に車両を停《と》めて、緊急対応部隊の指揮官がＵＮＨＣＲの日本人スタッフと二人で歩いて難民キャンプに入り、難民を極力刺激しないように邦人を保護した。

これは後に判明したことだが、ＡＭＤＡのスタッフらが奪われた車両は、もともとザイール人がルワンダ難民から奪ったものであった。たまたま、難民キャンプに車の所有者がおり、数日前から取り戻す機会をうかがっていたという。こうした事情を知らず、陸上自衛隊の緊急対応部隊が銃口を難民たちに向け、むやみに威嚇していたら、不測の事態を招いていたかもしれない。

東ティモールの事例でも、暴動に巻き込まれないよう迂回を重ねて保護した邦人らを輸送した。これも、武器を使用しなければならない状況に陥ることを事前に回避する行動だったとも言える。

二〇一五年にＰＫＯ法が改正され、駆け付け警護が認められ、任務遂行を妨害する勢力を排除するために威嚇射撃を行うことが可能となった。もし、ザイールや東ティモールへの派遣当時にこの権限が認められていたとしたら、陸上自衛隊は違った対応をとっていたかもしれない。そして、その結果はどうなっていただろうか――。

ＰＫＯ法改正案の国会審議で、日本政府や与党議員は武器使用に制約があることのリスクを強調したが、武器を使用した時のリスクについても慎重に検討する必要がある。ザイールや東ティモールの事例は、武器使用に抑制的であることの重要性も示しているのではないだろうか。

本章の冒頭で紹介したように、二〇一六年、当時の安倍晋三首相は東ティモールやザイールでの「邦人救出」の事例を挙げて、南スーダンＰＫＯ派遣部隊に駆け付け警護任務を付与する必要性を説明した。

しかし、これにはもう一つ重大な問題があった。

東ティモールとザイールで陸上自衛隊が駆け付けて保護したのは、いずれも現地に滞在する日本人であった。しかし、国連が統括するＰＫＯには、そもそも「邦人保護」という任務は存在しない。「文民保護」という任務はあっても、自国の国民だけ助けに行くという活動は想定されていないのである。

よって、国連の指揮命令系統から外れて、各国部隊が単独で邦人保護のために部隊を動かすことは許されていない。

実際、二〇一六年七月に南スーダンのジュバで大規模な戦闘が勃発した際にも、自衛隊は国外退避するＪＩＣＡスタッフらを装甲車で空港に輸送することを検討したが、ＵＮＭＩＳＳ司令部の許可が下りず実施できなかった。結局、ＪＩＣＡのスタッフらは南スーダン政府軍の護衛の下、ＪＩＣＡと日本大使館の防弾車を使って空港に移動した。

このように、たとえ日本の国内法で駆け付け警護や邦人保護の任務が認められていても、ＰＫＯに参加する自衛隊が国連の指揮命令の枠外で独自の行動をとることは本来認められていないのである。

治安悪化を理由に撤収したゴラン高原ＰＫＯ

最後に、もう一つ、検証しておきたいＰＫＯがある。

この三〇年間の自衛隊海外派遣の歴史の中で、日本政府が唯一、治安悪化を理由に撤収を決めたゴラン高原ＰＫＯである。

シリアとイスラエルが国境を接するゴラン高原は、一九六七年の第三次中東戦争をきっかけにイスラエルが占領し、一九七三年の第四次中東戦争でシリアが一時的に奪還したが、その後すぐにイスラエルに再占領された。翌一九七四年、シリアとイスラエルが「兵力引き離し協定」を締結したのを受け、国連は停戦監視と協定の履行状況監視を主な任務とするPKO「国連兵力引き離し監視隊（UNDOF）」を設立し、活動を開始した。

日本政府は国連の要請を受け、一九九六年から四十数人の規模の陸上自衛隊部隊を派遣し、ゴラン高原に設定された「兵力引き離し地域（非武装地帯）」を中心に監視活動を行う他国部隊の人員・物資の輸送や道路補修、除雪などの後方支援に従事した。

ゴラン高原は派遣開始以来、長らく安定した治安情勢が続き、陸上自衛隊の中では国際活動の経験を積むのに最適な「PKOの学校」とも呼ばれていた。しかし、二〇一一年にシリアで民主化を求める大規模な反政府デモが発生すると、これを武力で弾圧する政府軍との衝突がたびたび起こるようになり、やがて内戦へとエスカレート。その影響を受けて、ゴラン高原の治安も悪化していった。

二〇一二年四月、国連・アラブ連盟共同特使のコフィ・アナン元国連事務総長による停戦の提案をシリア政府が受け入れたことを受けて、国連は停戦監視を主な任務とするPKO「国連シリア監視団（UNSMIS）」を設立し、約三〇〇人の要員をシリアに派遣した。

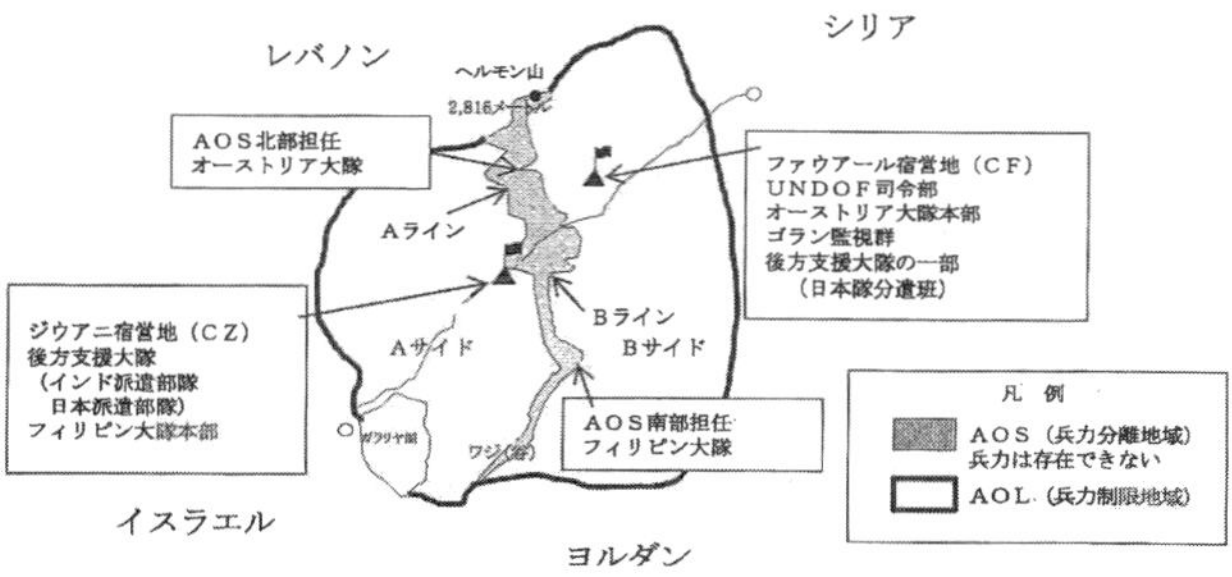

ゴラン高原PKOの活動地域（「教訓詳報」より）

しかし、停戦合意は守られず、PKOの要員が銃撃されたり、戦闘に巻き込まれたりする事案が相次いだため、六月にはUNSMISは活動を中断。その後も、内戦は激化の一途をたどり、ついに八月、国連はUNSNISの撤退に追い込まれる。設立からわずか四カ月での撤退は、PKO史上に残る失敗であった。

危険を理由に国連からの要請を拒否

シリア内戦の激化は、ゴラン高原におけるUNDOFの活動にも大きな影響を及ぼした。

陸上自衛隊はシリアの首都ダマスカスからゴラン高原までの輸送任務も担当していたが、二〇一二年六月上旬、その経路上で爆発事案が発生する。陸上自衛隊は、安全に活動を継続することが困難になったと判断し、UNDOF司令官との調整の上でこの任務を一時中止。UND

OFは、ダマスカスからゴラン高原までの輸送をシリアの民間業者に委託することで対応した。

しかし、八月にUNDOFの司令官がフィリピン軍の少将からインド軍の少将に交代すると、陸上自衛隊だけが危険な任務を回避していることをよしとせず、輸送任務の再開を求めた。特に、兵力引き離し地域で監視任務に当たる歩兵部隊の交代（フィリピン軍からオーストリア軍へ）が一一月に予定されており、そのためのダマスカス空港との間の輸送任務を自衛隊にも要請した。

筆者が入手した「ゴラン高原派遣輸送隊の撤収に係る教訓詳報」（陸上自衛隊研究本部、二〇一四年三月）という内部文書（以後、「教訓詳報」）に、その経緯が記されている。

一一月七日、UNDOF司令部内で、UNDOFの統合支援部長（CISS）と自衛隊の派遣輸送隊長との会合が持たれたという。

そこで萱沼文洋《かやぬまふみひろ》・派遣輸送隊長は、**「ダマスカスでの輸送任務は6月以降中止されており、タスクの実施は日本政府が許可しないと思われる」**と説明したが、UNDOF統合支援部長の理解は得られなかったと書かれている。そのため、萱沼隊長は上級部隊である中央即応集団（CRF）に報告し、判断を仰いだ。

筆者が入手した別の陸上自衛隊内部文書によると、萱沼隊長は「ＵＮＤＯＦの一員としては、任務を遂行する必要性（リスクを公平に負担するという考え）は認識」としつつも、「安全確保の観点からは、どのような対策をとっても、一定の危険はあり、できれば（黒塗り、中略）今般の任務は中止したい」との考えを伝えたという。

確かに、この文書に付されている「ダマスカスにおける事案の発生状況」と題するペーパーを見ると、連日市内のほぼ全域で空爆や砲撃が発生しており、輸送経路を変えれば危険を回避できるという状況ではなかったことがひと目でわかる。

萱沼隊長から報告を受けた中央即応集団は、独自にリスクを見積もり、任務の可否について検討した。その結果、次のような結論を出して対応した。

〈派遣輸送隊が本件を実施した場合に今後の任務遂行に重大な影響を及ぼすとの幕僚案の報告を受けたＣＲＦ司令官は、

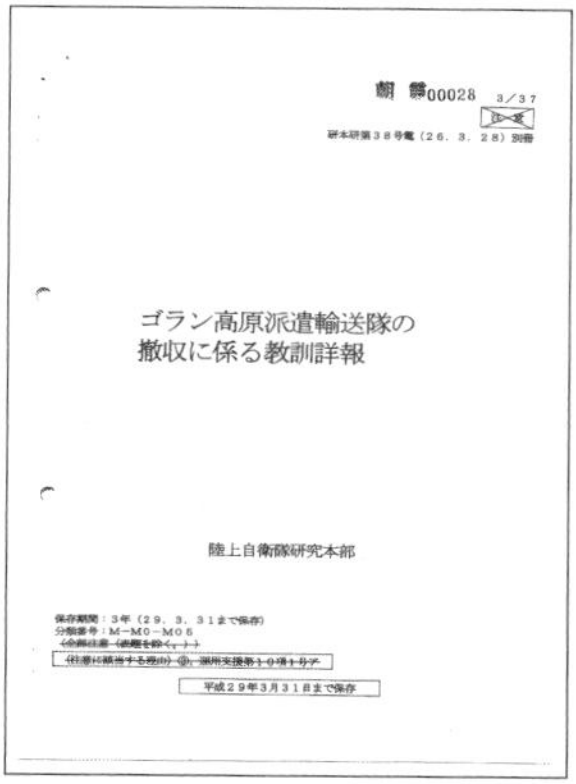
3/37

ゴラン高原派遣輸送隊の
撤収に係る教訓詳報

陸上自衛隊研究本部

保存期間：3年（29．3．31まで保存）
分類番号：M－M0－M05

平成29年3月31日まで保存

「ゴラン高原派遣輸送隊の撤収に係る教訓詳報」

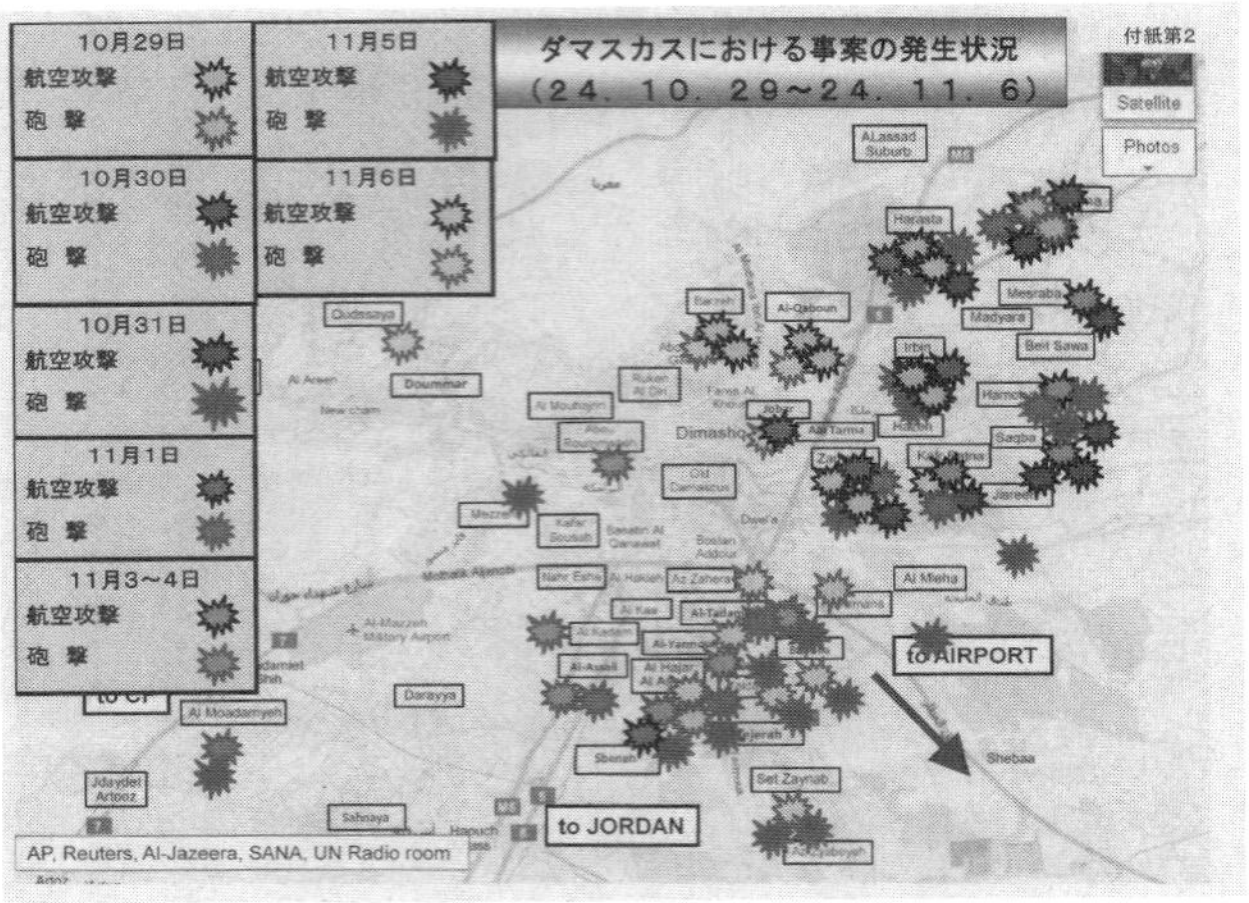

ダマスカスにおける攻撃の発生状況をまとめた陸上自衛隊の内部文書

統幕に対して行政として処置が必要な旨を具申した〉（「教訓詳報」）

ＵＮＤＯＦ司令部から要請されたダマスカス空港からの人員輸送は断る、というのが中央即応集団司令部の出した結論だった。そして、ＵＮＤＯＦの理解を得るためには、行政＝政府レベルでの働きかけが必要だと、さらに上級の統合幕僚監部に意見具申したのである。

結局、在イスラエル日本大使（ＵＮＤＯＦ司令部が置かれているイスラエルにおける日本政府代表）がＵＮＤＯＦ司令官に説明し、日本の立場を理解してもらったという。フィリピン軍とオーストリア軍の部隊交代に必要な輸送任務は、自衛隊以外の部隊で対応することになった。

「教訓詳報」は、この一件の教訓・提言をこう記している。

〈安全に関する日本政府とUNDOF司令部の判断基準（認識）が異なることが前提として調整・説明が必要となる。／情勢が緊迫してくると日本隊は、安全面からタスクの実施に影響を受けるという他国軍から見れば厳しい状況に立たされるが、あきらめることなく、可能な限り日本政府・日本の部隊の考え方を説明することは必要である〉

〈CRF司令官の指揮とUNDOFの指図の内容が異なる場合においては、現地指揮官からUNDOF司令官への報告だけでは理解を得られない場合もあるため、引き続き、CRF司令部を通じ、本邦から現地司令部にハイレベルでの情報通知を行うとともに、国連及び外務省との調整を密に実施し、現地部隊が円滑に行動できる環境を整えることが望ましい〉

ここでも日本特有の「二重指揮」の問題が表面化していたのである。

オーストリア軍が銃撃される

ゴラン高原の治安は日に日に悪化していた。

「教訓詳報」によると、一一月三日、シリア政府軍がゴラン高原で反政府勢力に対する大規模な掃討作戦を実施し、流れ弾がイスラエル側にも着弾した。これに対して、イスラエル軍は一一月一一日、一二日、一七日とシリア側への警告・報復射撃を連続して行った。イスラエル軍がシリア領内を攻撃するのは、一九七四年に兵力引き離し協定が締結されて以降初めてのことであった。

こうした事態を受けて、日本政府の中でも「撤収論」が急速に高まりつつあった。一一月二五日には、「共同通信」が、「日本政府がUNDOF撤収を検討」と報じた。

そんな中、一一月二九日、陸上自衛隊が恐れていたことが現実のものとなってしまう。自衛隊が断った任務でオーストリア軍が攻撃に遭い、負傷者が出てしまったのである。

〈オーストリア大隊の派遣交代に伴うダマスカス空港への隊員輸送をオーストリア隊

が実施中のところ、ダマスカス空港近傍で銃撃を受け7両被弾、4名が負傷した〉
（「教訓詳報」）

この事件は、自衛隊にも大きな衝撃を与えた。もしＵＮＤＯＦ司令部の要請に応えて輸送を引き受けていたら、自衛隊が攻撃を受けていたところだった。自衛隊が要請を断ったことで、結果的にオーストリア軍が攻撃を受けることになってしまった。

この翌日、派遣輸送隊の萱沼隊長は隊員たちに撤収の可能性について初めて示唆した（「教訓詳報」）。

撤収を決定付けたのは、シリア政府軍が反政府勢力への攻撃に用いるため、殺傷能力の高い毒ガス・サリンの製造に着手したという米ＣＮＮの報道（一二月四日）であった。もはや隊員たちの安全を確保しつつ活動を継続するのは困難だとして、民主党の野田佳彦《よしひこ》内閣は撤収の意思を固めようとしていた。

現地の陸上自衛隊部隊には、ＵＮＤＯＦからも、シリア政府軍が化学兵器を使用する可能性について情報が入っていた。萱沼隊長は、隊員たちに防護マスクの常時携行を命じるとともに、サリンの解毒薬「アトロピン」の使用要領を再教育したという。

そして、萱沼隊長は、ゴラン高原のシリア側で活動する隊員たちに、装備品をイスラエル側に「ねずみ後送」するよう指示する。

ねずみ後送とは、撤収の意図を気付かれないように、物品を少しずつ移動させることを意味する。いざという時には隊員たちが身一つでシリア領内から脱出できるように、あらかじめ装備品を少しずつ移動させようとしたのである。

一二月一〇日には、兵力引き離し地域の近くでPKO要員の乗った車両が反政府勢力に停車させられ、軍事監視要員が一時的に拉致・監禁されるという事案が発生する。

一二月二一日、野田内閣は安全保障会議を開き、「隊員の安全確保」を理由にゴラン高原からの自衛隊撤収を正式に決定。森本敏《さとし》防衛大臣は即日、陸上自衛隊に撤収命令を発令した。

撤収に関して、「教訓詳報」は次のように記している。

〈同日、派遣輸送隊長はCRF司令官から「日本隊として胸を張って堂々と撤収せよ。」との指示を受け、「日本隊のUNDOFでの活動を終結して撤収することとなったため、CF（筆者注：シリア側の宿営地）から撤収する。」ことを、UNDOF会議の場で、UNDOF司令官に直接報告した後、CFに所在する要員をCZ（筆者注：イスラエル側の宿営地）に移動させた。／この際、隊長からの報告時、UNDOF司令官から「今まで活動を共にしてきた仲間が去ることは残念である。支援できることがあれば何でも申し出てもらいたい。」とのコメントがあった〉

シリアからの撤収は隠密作戦

「教訓詳報」では、派遣輸送隊の萱沼隊長がUNDOFのシリア側宿営地にいた隊員たちをイスラエル側宿営地に移動させたのは、正式な撤収命令が出た一二月二一日と記しているが、これは事実ではなかった。

元幹部自衛官と元陸軍将校の親睦組織「偕行社」の機関誌「偕行」が、二〇一三年一二月号で、「ゴラン高原PKO『撤退作戦』の検証　最後の隊長・萱沼3等陸佐に聞く」と題する記事を掲載している。

萱沼への面談取材をもとに書かれたこの記事によると、派遣輸送隊は正式な撤収命令が出る前日の一二月二〇日にシリア側宿営地からの離脱を敢行。「事前に少しずつモノを運び出していたので、シリア軍検問で撤退と気付かれなかった」という。

萱沼は、前日までにシリア側宿営地にいた隊員と装備品をすべてイスラエル側に移した上で、一二月二一日に正式に撤収命令が発令されるとシリア側にあるＵＮＤＯＦ司令部に出向き、正式に撤収を伝えた。

つまり、萱沼がＵＮＤＯＦ司令部に正式に撤収を報告した時には、すでにシリアからの離脱を完了していたのである。

実は、ＵＮＤＯＦ司令官に対しては、一二月一六日の時点で緊急撤収することを内々に伝えていた。司令官は「あとは誰が引き継ぐのか？」と遺憾の意を表明したものの、「日本の要請を受け入れる」と話したという。

このように、秘密裏にシリアからの離脱を敢行したのは、シリアからの妨害を懸念したからであった。

萱沼がゴラン高原に到着した直後の九月上旬、ＵＮＤＯＦ司令部に勤務していたカナダ軍の三人の将校が、本国の指示で通告もせずいきなり帰国してしまうという事案が発生していた。

これに不信感を抱いたシリア政府は、ＰＫＯ部隊に対する検問の強化や休戦ライン間の通行拒否を表明するなどの対抗措置に出た。そのため萱沼は、陸上自衛隊の撤収計画がシリア政府に事前に察知された場合、イスラエル側への移動を妨害される可能性があると判断したという。

どこまでリスクを負うのか

萱沼は二〇二一年、筆者のインタビューに応じた（萱沼隊長へのインタビュー＝二四八ページ）。

萱沼は、最初に撤収を伝えた時の隊員たちの反応が、今でも心に残っていると話す。皆、安堵《あんど》の表情を見せると思いきや、多くの隊員が「任務を最後までやり切りたい」と悔しがったという。萱沼は、そのような隊員たちを誇りに思うとともに、悔しい思いをさせてしまい申し訳ないと思ったと振り返った。

陸上自衛隊の撤収後も、シリア内戦は激化の一途をたどり、ゴラン高原でもＵＮＤＯＦの要員がシリアの武装勢力に拘束されたり、政府軍と武装勢力との戦闘に巻き込まれたりする事案が相次いだ。二〇一四年八月には、フィジー軍のＰＫＯ要員四三人がシリアのアルカイダ系の武装勢力に包囲され、武器を取り上げられて一時拘束される事案が発生。同じ場にいたフィリピン軍の兵士八一人は武装解除を拒否し、交戦の末、脱出した。

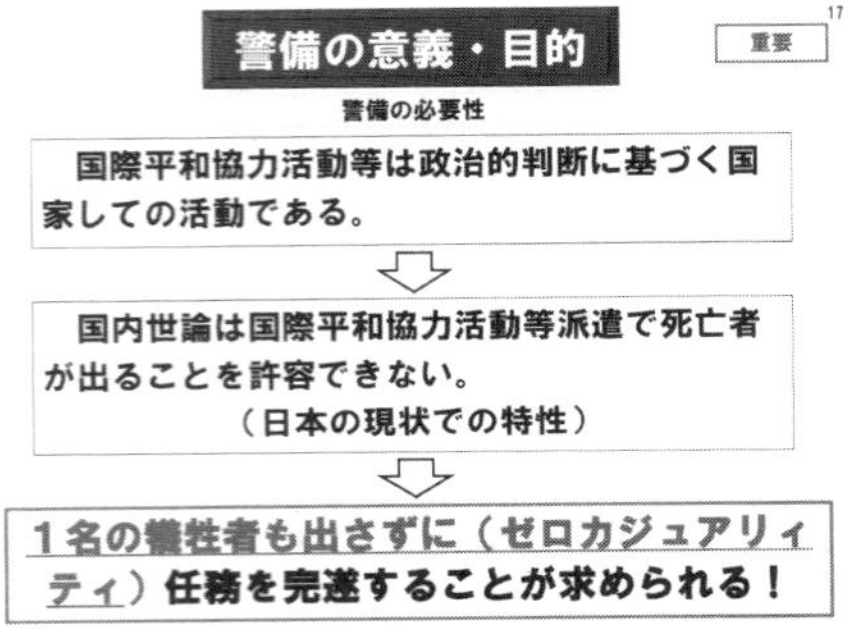
17
重要
警備の意義・目的
警備の必要性
国際平和協力活動等は政治的判断に基づく国家しての活動である。
国内世論は国際平和協力活動等派遣で死亡者が出ることを許容できない。
（日本の現状での特性）
１名の犠牲者も出さずに（ゼロカジュアリティ）任務を完遂することが求められる！
陸上自衛隊国際活動教育隊が2015年に作成した教育用資料

このような事態に至り、国連はついに二〇一四年九月、ＵＮＤＯＦの全部隊をシリア側から一時撤収させた。しかし、その後、ゴラン高原の治安情勢が改善すると、シリア側に再び部隊を配置した。二〇二二年三月現在も、ＵＮＤＯＦは活動を継続している。

シリアのダマスカス空港近くで攻撃を受け四人の負傷者を出したオーストリア軍も、二〇一三年七月まで派遣を継続した。ある程度のリスクを受け入れながらＰＫＯに要員を派遣する他国と、「ゼロ・カジュアリティ（戦傷死者ゼロ）」を至上命題として派遣してきた日本。国際平和のために日本はどこまでリスクを引き受けるのか——。

私が開示請求によって入手した陸上自衛隊の海外派遣に関する教育資料は、ゼロ・カジュアリティを至上命題とする理由を、「（筆者注：日本の）**国内世論は国際平和協力活動等**

派遣で死亡者が出ることを許容できない（日本の現状での特性）」と記している。だが、紛争地に派遣する以上、戦死者が出るリスクはゼロにはならない。

最後のゴラン高原派遣輸送隊を率いた萱沼は「リスクの受容度は、その国の軍隊の経験値や国境を接している国があるかどうかなどの環境によって異なってくる」とした上で、今後の海外派遣のあり方については「国民のみなさんがどう考えるかだと思う」と国民の判断に委ねた。

海外派遣の開始から三〇年が経つが、日本が国連PKOでどこまでリスクを引き受けるのかという議論が正面から行われたことはいまだにない。

リスクの受容度は各国でまちまち

――自衛隊は二〇一二年一一月、ＵＮＤＯＦ司令部からシリアのダマスカス空港に他国の歩兵部隊を輸送する任務を要請されました。これを引き受けるかどうか検討した際、葛藤はありましたか。

ダマスカスへの輸送任務は、治安の悪化のため、我々が行く前の六月から中止していました。そこについては、我々とＵＮＤＯＦ司令部との間で合意がとれていたと認識していたので、要請された時は少し戸惑いました。参加している部隊は公平にリスクを負担すべきというＵＮＤＯＦ司令部の意見も、一つの部隊として考えればその通りです。ただ、やはりそれぞれの派遣国の特性もあるので、安全確保の観点から引き受けることはできないと判断しました。

――一一月下旬、オーストリア軍の部隊がダマスカス空港の近くで銃撃を受けて、四人が

負傷する事件が起きてしまいます。それを知った時はどう思われましたか。

ショックと驚きが大きかったですね。内戦により治安が悪化しているとはいえ、PKOの部隊が攻撃対象になるということまでは想定していませんでした。PKOの部隊を攻撃してもメリットがないわけですから。シリア政府軍にとってはもちろんですが、反乱勢力にとっても、国際社会から「やはり、ならず者の集団じゃないか」と思われたらマイナスになります。だから、PKOの部隊が狙われるリスクは低いと考えていたのですが、実際には、さまざまなグループが跋扈《ばっこ》しているところではこういうことも起こり得るんだなと思いました。

萱沼文洋氏（筆者撮影）

――「教訓詳報」という文書には、この翌日、萱沼隊長が隊員たちに撤収の可能性について示唆したと書かれています。その時の隊員たちの反応はどのようなものでしたか。

隊員たちはホッとするのかなと思っていたら、それよりも「任務なので最後までやり切りたい」というリアクションの方が多くて驚きました。みんな任務というものに対して誠実に向き合っていて、自分の仕事としてやり切りたいという思いが非常に強く、誇れる隊員たちだなとすごく感じました。同時に、指揮官として、隊員たちに悔しい思いをさせてしまって申し訳ないという気持ちにもなりました。

――自衛隊の撤収が決まった時、他国軍の兵士から「お前ら帰るのか。臆病者」と言われて悔しい思いをした隊員もいたそうですね。

そのようなことを言われた隊員がいたという話は聞きました。ただ、現場の目線で単純に言わせていただければ、政治体制の違いや安全保障に関する法制上の違いとは別に、リスクの受容度というのは各国でまちまちというのが特性としてあるのだと思っています。例えば、現地で一緒に活動していたインド軍の将校は「ここはパラダイスだ」と話していました。理由を尋ねると、ゴラン高原に来る前はカシミール（筆者注：インドとパキスタンとの国境地帯。両国が領有権を争い、紛争が頻発している）の最前線に派遣されていたというのです。そこでの緊張感に比べれば、ゴラン高原は大したことがないと感じているようでした。それを聞いて、軍隊としての今までの経験値や（陸続きで）国境を接している国があるかどうかなどの環境によって、スタート地点がそもそも違うのだと感じました。

――自衛隊はどのような貢献ができたとお考えですか。

現地に着いてすぐに感じたのは、日本隊に対する信頼度が非常に高いということでした。例えば、イスラエル側からシリア側に物資を輸送する際、そこに（イスラエルの）ヘブライ語が少しでも書いてあると、シリア側からUNDOF司令部に苦情がいったりするのですが、日本隊の場合はそういうことがないと信頼されていました。言うなれば、ただタスクをこなすのではなく、細部にこだわり、質の面でも高い支援ができたと思います。それを足掛け一七年間にわたって続けたことは、UNDOFの任務遂行に大きく貢献できたと思いますし、大きく言えば中東の安定にも貢献できたのではないでしょうか。

――今後の自衛隊の国際貢献は、どうあるべきだと思いますか。

そこは政府が決めることなので、私の個人的な意見を表明することは控えさせていただきます。ただ、現在も国連PKO支援部隊早期展開プロジェクトや能力構築支援などを行っていますし、UNMISS（南スーダンPKO）やMFO（エジプト・シナイ半島における多国籍部隊・監視団）への司令部要員の派遣も行っていますので、そういうところでしっかりと活動を続けているのは評価できます。あとは、国民のみなさんがどう考えるかだと思います。

第五章　今後の海外派遣のあり方を考える

ここまでの章では、今まで陸上自衛隊が実施した六つの海外ミッションについて検証してきた。陸上自衛隊が派遣されてきたのは、まぎれもなく「戦地」であったことがわかっていただけたと思う。

そしていずれの場合でも、実際には戦地であるにもかかわらず、戦闘は発生していないという「フィクション」の下で派遣されてきたのである。この矛盾は、すべてしわ寄せとなって現場の隊員たちに押し付けられてきた。

本章では、これまでの海外派遣で浮き彫りになった問題点を改めて整理した上で、今後の海外派遣のあり方について考えてみたい。

現実と乖離した「PKO参加五原則」

これまでの海外派遣で浮き彫りになった最大の問題点は、法的な枠組みと現場の実態との間での乖離である。

自衛隊のPKO派遣においては、「PKO参加五原則が満たされていれば、自衛隊が武力行使を行うようなことはない」というロジックが大前提となっている。

だが実際には、たとえ「停戦合意」や「紛争当事者または受入国の同意」があっても、「国または国に準ずる組織」がＰＫＯ部隊を攻撃することは起こり得る。実際、カンボジアではポル・ポト派が、南スーダンでは政府軍がＰＫＯ部隊やその宿営地を攻撃した。

第三章で述べたように、ＰＫＯ法を制定する際、宮沢喜一首相は「（ＰＫＯは）国連の権威と中立性と信用によって戦争が終わった状態を維持改善しようというもので、平和維持隊が発砲するようでは失敗である」と繰り返し説明した。

しかし、カンボジアでポル・ポト派が選挙を妨害するためにＰＫＯ部隊への攻撃を活発化させた時、ＵＮＴＡＣの明石康代表は「我々には任務を守る自衛権がある」として、総選挙の実施のためにポル・ポト派への反撃をためらわない断固とした姿勢を表明した。

宮沢首相は「万々一、平和維持隊に攻撃が加えられるような場合には、我が国は、平和維持活動を中断し、あるいは撤退することができる」とも強調していたが、実際には、活動を中断することも撤収することもできなかった。

南スーダンでも、二〇一六年の「ジュバ・クライシス」の際にＰＫＯ部隊に攻撃が加えられたが、日本政府は自衛隊を撤収させることはなかった。

ＵＮＴＡＣ明石代表の発言が示す通り、ＰＫＯ部隊が攻撃を受けるような状況になっても、すぐに活動を中断したり撤収したりせず、自衛しながら任務の達成のために活動を継続するのが実際のＰＫＯであった。そんな中、日本だけすぐに自衛隊を撤収させることは、現実的ではなかったのである。

派遣開始時に「停戦合意」や「紛争当事者または受入国の同意」があっても、これらは非常に脆弱《ぜいじゃく》で、紛争当事者や受入国の政府軍がＰＫＯ部隊を攻撃してくることがある――この現実と武力行使を禁じる憲法九条との辻褄を合わせるために日本政府が考えた「苦肉の策」が、ＰＫＯ部隊に対する攻撃は組織的計画的なものではないという説明だった。

例えば、南スーダン政府軍のＰＫＯ部隊に対する敵対行為について、日本政府は次のように説明した。

「南スーダン政府等からＵＮＭＩＳＳの撤退を要求するような発言等はなされておらず、このような妨害は現場レベルの偶発的なものであり、南スーダン政府としての組織的な行為ではないというふうに認識をいたしております」

（稲田朋美防衛大臣、二〇一六年一〇月二〇日、参議院外交防衛委員会）

カンボジアPKOでも、日本政府はポル・ポト派の攻撃をあくまで「偶発的なもの」として扱った。

組織的計画的ではない偶発的な攻撃であれば、たとえ「国または国に準ずる組織」との間で交戦になっても「武力紛争」とは評価されないので、自衛隊が憲法違反の「武力行使」に及ぶことはないという論理である。

しかし、その攻撃が組織的計画的かどうかの判定は容易ではない。少なくとも、現場では見分けがつかないだろう。現場にいる隊員たちは、難しい判断を迫られることになる。

避けられない「多国籍軍との一体化」

現場の実態と法的な枠組みとの乖離は、イラク派遣のような多国籍軍支援型の海外派遣でも明らかだ。

「停戦合意」も「紛争当事者の受け入れ同意」も存在しなかったイラク派遣では、活動地域を「現に戦闘行為が行われておらず、かつ、そこで実施される活動の期間を通じて戦闘行為が行われることがないと認められる地域」（非戦闘地域）に限定することで、自衛隊の活動の合憲性を担保しようとした。

しかし、現実のイラクには、現に戦闘行為が行われていない地域はともかく、「実施される活動の期間を通じて戦闘行為が行われることがないと認められる地域」など存在していなかった。

確かに、陸上自衛隊が活動したサマーワは、当時のイラクの中では比較的治安が安定していた。だが、そのサマーワにも多国籍軍の占領に反対する武装勢力（サドル派）が存在しており、いつ戦闘が起きてもおかしくなかった。実際、自衛隊の「日報」に記されていた通り、サドル派と地域の治安維持を担当していたイギリス軍やオーストラリア軍との間で戦闘がたびたび発生していたのである。

二〇一五年、イラク派遣のような多国籍軍支援型の海外派遣をいつでも行えるようにするための恒久法が制定された（国際平和支援法）。

日本政府は、「非戦闘地域」という設定自体に無理があったことを理解したのか、この法律では自衛隊の活動地域を「現に戦闘行為が行われている現場以外」に改めた。その時点で戦闘行為が行われていない場所であれば、どこでも活動できるようにしたのである。

国会審議の中で政府は、「戦闘行為が発生した場合などには、直ちに活動を一時休止または中断するなどして安全を確保することとしています」（安倍晋三首相）と説明し、自衛隊が武力行使に至ることはないと強弁した。

しかし、これも日本の国会の中での議論では通用しても、現実には通用しない「机上の空論」である。

この安倍首相の説明について、ゴラン高原ＰＫＯの派遣隊員に選ばれて訓練を受けた経験を持つ元陸上自衛隊員（治安悪化による撤収のため派遣は中止）は、私の取材に次のように話した。

「確かに、輸送中に攻撃を受けたら、なるべく戦わないで回避する訓練はしていますが、実際の任務では、ゲリラの一発の攻撃で車両が走行不能になることもあります。そうなったら敵と戦うしかありません」

イラク派遣では、多国籍軍に加わって活動する以上、「多国籍軍の武力行使との一体化」を回避することも困難であることが明らかになった。

日本政府は「多国籍軍司令部との間で連絡・調整は行うが、指揮下に入るわけではない」というアクロバティックな説明で国会を乗り切ったが、実際には、バグダッドの多国籍軍司令部に派遣されていた隊員が情報部の幕僚としてその指揮下に入って活動していたことが、日報によって明らかになった。

多国籍軍は、そもそも「統一した指揮」の下で一つの部隊として動いており、そこに参加する以上、「一体化」は避けられないのである。

航空自衛隊のイラク派遣は、そのことがより明確であった。

航空自衛隊はC130輸送機を派遣し、クウェートとイラクの間での物資や人員の輸送任務に当たった。

航空自衛隊はこの活動を行うにあたり、米中央軍の前線司令部や統合航空作戦センターが置かれていたカタールのアルウデイド空軍基地に「空輸計画部」を置き、そこで空輸計画を策定していた。つまり、事実上、米軍・多国籍軍司令部に〝組み込まれて〟活動していたのである。

日本政府は当初、主に人道復興支援関連の物資や人員を輸送していると説明していたが、後に防衛省が開示した空輸実績報告書で、輸送した人員の六割以上が武装した米兵や軍属であったことが明らかになった。

「イラクの人道復興支援のため」というのは建前で、実際には「米軍に要請された米軍のための輸送」が主だったのである。

二〇〇八年四月、名古屋高裁は、航空自衛隊のイラクでの活動がイラク特措法と憲法九条に違反しているとの司法判断を下した。航空自衛隊がＣ１３０輸送機で武装米兵を輸送していたバグダッドを「戦闘地域」と評価し、その活動を「多国籍軍の武力行使と一体化している」と認定したのである。

自衛隊の活動が多国籍軍と一体化していることが、もし多国籍軍と敵対している勢力に伝われば、当然自衛隊も攻撃対象となり、隊員たちのリスクも高くなる。

ＰＫＯを変えた二つのジェノサイド

話をＰＫＯに戻す。

今後のＰＫＯ派遣のあり方を考える上で踏まえておかなければいけないのは、「ＰＫＯの変質」である。自衛隊がＰＫＯに参加するようになってから三〇年が経つが、この間、ＰＫＯそのものも大きな変化を遂げてきた。

最も大きな変化は、「文民保護」の重視と「中立」原則からの脱却である。

一九八〇年代までの冷戦時代のＰＫＯは、国家間の戦争終了後に、すべての紛争当事国の同意の下で停戦監視と兵力引き離しを行うものが主流であった。そのため、紛争当事国のいずれの側にも肩入れしない中立性の厳守が活動を行う上で不可欠だった。

しかし、冷戦が終結した一九九〇年代以降は、カンボジアPKOを皮切りに、内戦後の国家再建や平和構築がPKOの主流となる。その中で、新たに注目されるようになったのが文民保護という役割である。

その契機となったのは、一九九〇年代にPKOの現場で起きた二つのジェノサイド（大量虐殺）であった。

一九九四年にアフリカのルワンダで、翌一九九五年にはヨーロッパのボスニア・ヘルツェゴビナでジェノサイドが起きた。いずれもPKO部隊が展開していながら、「民族浄化」とも言える大量虐殺を止めることができなかったのだ。

①　ルワンダ大虐殺

第四章で述べた通り、ルワンダでは一九九〇年に多数派のフツ族を中心とした政府と、少数派のツチ族の武装勢力（ルワンダ愛国戦線＝RPF）との間で内戦が勃発したが、一九九三年八月に和平協定（アルーシャ協定）が締結された。

和平協定は、両者による暫定政府を設立し、国際社会の監視の下で総選挙を実施するという内容だった。この和平プロセスを支援するため、国連は約二五〇〇人の軍事要員と六〇人の文民警察からなるPKO「国連ルワンダ支援団（UNAMIR）」を立ち上げた。

しかし、翌一九九四年四月に大統領が乗った専用機が何者かに撃墜される事件が発生し、内戦が再燃してしまう。政府軍兵士やフツ系過激派民兵らは、ツチ族に対する「民族浄化作戦」を展開した。

実は、内戦が再燃する約三カ月前、和平に不満を抱くフツ系過激派の民兵組織がツチ族の虐殺を計画し、武器を集積しているとの密告情報がUNAMIRに入っていた。

同PKOを率いるロメオ・ダレール司令官（カナダ軍少将）は、虐殺を阻止するために武器の集積場を制圧する計画を立てるが、国連本部はPKOに付与された任務と権限を超えるとして許可しなかった。そして三カ月後、ルワンダ政府軍とフツ系過激派民兵組織によるツチ族の虐殺が始まってしまう。

PKO部隊には住民を保護する任務が与えられていなかったが、ダレール司令官は人道上の観点から宿営地に避難民を保護した。しかし、PKO部隊の武器使用が「自衛目的」に限定されていたのと、PKOの「中立」原則から積極的な軍事介入は禁じられていたため、宿営地外での虐殺を止めることはできなかった。さらに、PKO部隊の主力だったベルギー軍も、兵士一〇人がルワンダの大統領警護隊に殺害されたために撤収してしまった。

約一カ月半後、国連安保理はルワンダPKOの任務を拡大して戦力を増強する決議を上げるが、新たに派遣する国はどこも現れなかった。その結果、ツチ系のRPFが全土を制圧する七月までに、八〇万人以上ともいわれるツチ族と穏健派のフツ族の人々が虐殺されてしまった。

UNAMIRのダレール司令官は、虐殺を止められず多くの人々を救うことができなかった罪悪感に苛まれ、ルワンダから帰国した後もPTSDに苦しんだ。二〇〇〇年には、アルコールと薬物の服用により自殺を図り、公園のベンチで昏睡状態になっていたところを発見された。

ルワンダ大虐殺から九年後の二〇〇三年、ダレール氏はルワンダでの経験を『悪魔と握手する　ルワンダにおける人道主義の失敗（Shake Hands with the Devil: The Failure of Humanity in Rwanda）』という一冊の本にまとめた。日本語にも翻訳されている（『なぜ、世界はルワンダを救えなかったのか　PKO司令官の手記』）ので、ぜひ読んでいただきたい。

② スレブレニツァ虐殺

スレブレニツァにおける虐殺は、ボスニア・ヘルツェゴビナ紛争の最中に起きた事件である。

ボスニア・ヘルツェゴビナは一九九二年にユーゴスラビアからの独立を宣言するが、ボシュニャク系が中心となった政府軍とクロアチア系の武装勢力、及びセルビア系の武装勢力との間で内戦が勃発する。国連安保理は和平合意や紛争当事者の同意がないままPKO部隊の派遣を決定し、スレブレニツァを含めて六つの「安全地帯」を設定して住民を保護しようとした。

スレブレニツァはボシュニャク系住民が多い町だった。ボシュニャク系を中心とする政府軍が安全地帯を拠点にして軍事行動を行っていたことから、セルビア系の武装勢力には、国連のPKO部隊が政府軍に肩入れしているように見えていた。

スレブレニツァの安全地帯には、二万人以上のボシュニャク系住民がいたが、それを守るPKO部隊は軽装備のオランダ軍兵士約二〇〇人だけで、武器使用も「自衛目的」に限定されていた。

これには、国連の権威によって攻撃を抑止するという、従来のPKOの考え方が表れていた。一方、国連安保理は和平合意や紛争当事者の同意がない状況を考慮し、いざという時にはＰＫＯを支援するために加盟国が空爆を行うことも認めていた。

一九九五年七月初旬、セルビア系武装勢力が重武装の数千人の兵力をもってスレブレニツァへの攻撃を開始する。

軽武装のＰＫＯ部隊ではこれに太刀打ちできず、警告射撃を行うのが精一杯であった。オランダ軍部隊の指揮官は、ただちにＮＡＴＯ（北大西洋条約機構）にセルビア系武装勢力への空爆を要請するが、ＰＫＯの要員と二万人以上のボシュニャク系住民が事実上「人質」にとられたような状態で、空爆はほとんど行われなかった。

その結果、約二週間で約八〇〇〇人のボシュニャク系男性が殺害されるジェノサイドとなってしまった。

「文民保護」のために武力行使も

ルワンダでも、スレブレニツァでも、ＰＫＯ部隊が展開していながらジェノサイドを止めることができなかった事実は、国連に大きな衝撃を与えた。この反省から、ＰＫＯは「文民保護」のために「中立・非介入」の原則を見直すべきだ、という議論が起きる。

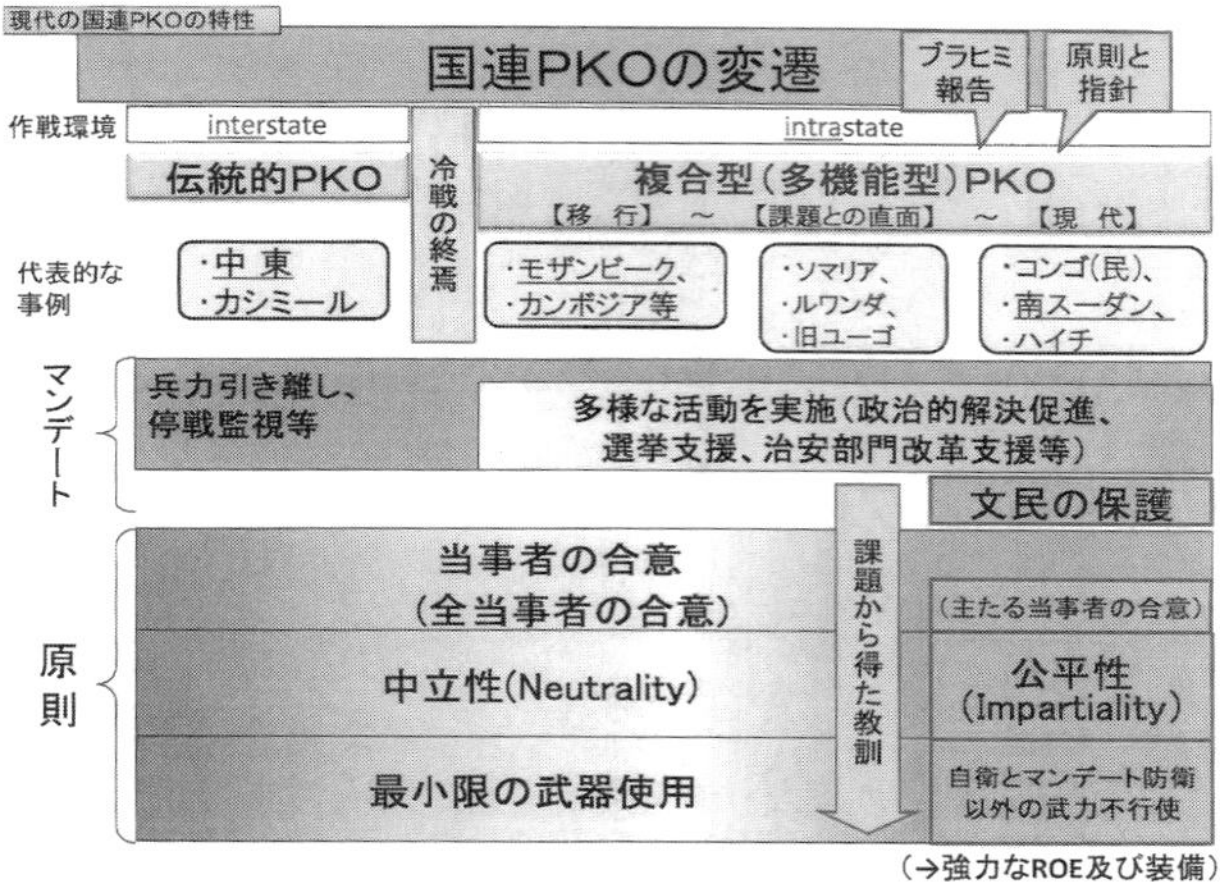

防衛省統合幕僚学校国際平和協力センター作成の「現代の国連平和維持活動」（2019年）

一九九九年九月、国連安保理はPKOの任務に「文民保護」を位置付ける決議一二六五を全会一致で採択。翌一〇月に設立されたアフリカ・シエラレオネのPKOでは、初めてマンデートに「文民保護」が明記された。そして、二〇〇八年一月に国連が発表した「国連平和維持活動　原則と指針」では、「PKOは、紛争当事者との関係において公平を貫くべきであるが、そのマンデートの実施において中立を保つべきではない」「よき審判が単に公平なだけではなく、反則を罰するのと同じように、PKOも和平プロセスへの取り組み、または、国連PKOが堅持する国際的な規範と原則に反する当事者の行為を見逃してはならない」と明記され、「中立性」からの脱却が強調されたのである。

これに伴い、近年のＰＫＯでは和平プロセスの破壊を目論む勢力や、文民に脅威を与える勢力に対して、武力行使も含む「必要なあらゆる手段を用いる」ことを認めるようになっている。そのため、国連がＰＫＯの受入国との間で結ぶ地位協定には、〝ＰＫＯ部隊が武力紛争時のルールである国際人道法を遵守する〟という条項が必ず入るようになっている。

これはつまり、ＰＫＯ部隊も武力紛争の当事者になり得るということを意味している。陸上自衛隊が参加した南スーダンＰＫＯでも、二〇一三年一二月の内戦勃発以降、筆頭マンデートが「国づくり」から文民保護に切り替えられ、暴力行為の主体いかんにかかわらず、文民を保護するために必要なあらゆる手段を用いる権限が付与された。

さらに、二〇一六年七月の「ジュバ・クライシス」後には、ＰＫＯ要員や住民への攻撃が準備されているとの信頼できる情報がある場合には、攻撃を未然に防ぐための「先制攻撃」まで認められた。

武力紛争の否認

このようにPKOの性格が大きく変容を遂げたにもかかわらず、日本はいまだに、PKOの「中立性」を参加の要件としている。そして、PKO部隊は武力紛争の当事者には絶対にならないことを前提にしている。

私は、陸上自衛隊のPKOに関する教育資料（開示請求で入手）に衝撃的な記述を見つけた。

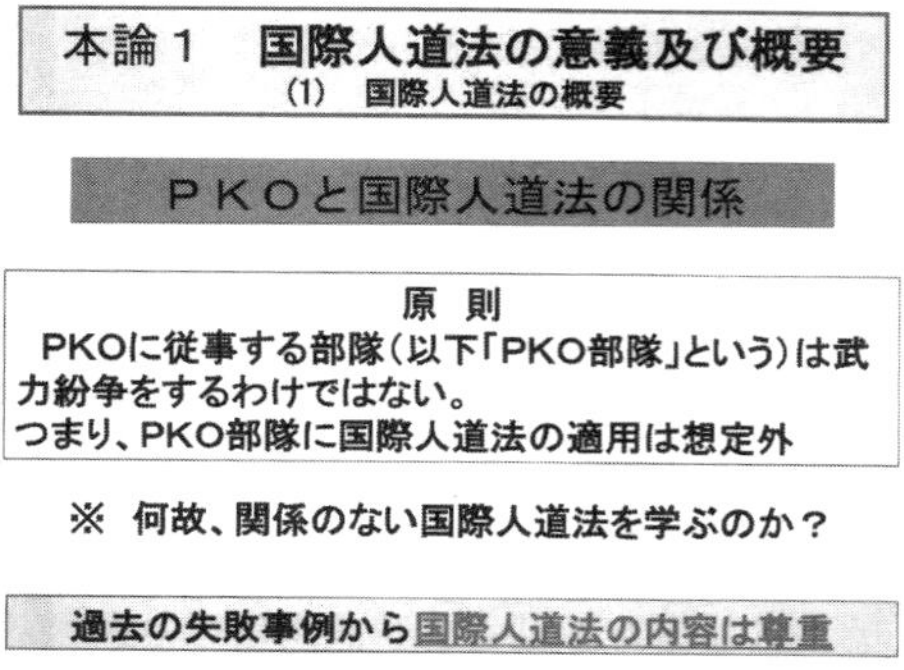

本論１　国際人道法の意義及び概要
(1)　国際人道法の概要
ＰＫＯと国際人道法の関係
原　則
PKOに従事する部隊（以下「PKO部隊」という）は武力紛争をするわけではない。

※　何故、関係のない国際人道法を学ぶのか？
過去の失敗事例から国際人道法の内容は尊重

「PKO部隊に国際人道法の適用は想定外」と記述する陸上自衛隊の教育資料

〈PKOに従事する部隊は武力紛争をするわけではない。つまり、PKO部隊に国際人道法の適用は想定外〉

（二〇一七年五月、国際活動教育隊第三八期上級陸曹特技過程「国際人道法及び国際人権法」）

これは明らかに国連の認識と食い違っている。

国連は、武力紛争が再燃して文民が暴力の脅威に晒された場合は、紛争当事者に対して武力を行使してでも文民を保護するとしている。そして、国連ＰＫＯの部隊にも国際人道法が適用されるとしている。

一九九九年にコフィ・アナン国連事務総長が発出した告示「国連部隊による国際人道法の遵守」は、国際人道法の基本原則と規則が「（国連の）強制行動、あるいは、自衛のために武力行使が許されている平和維持活動において適用される」と明記している。加盟国が集団で軍事的措置をとる「強制行動」だけでなく、ＰＫＯにおける「自衛のための武力行使」にも国際人道法が適用されるというのが、国連としての公式の立場なのだ。

ところが、陸上自衛隊は、「ＰＫＯ部隊が武力紛争の当事者になることはないので国際人道法が適用されることはない」と隊員たちに教育しているのである。

ＰＫＯ参加五原則では、停戦合意が崩壊して武力紛争が再燃した場合やＰＫＯ部隊が中立性を失った場合には、自衛隊は活動を休止または撤収することになっている。これが厳守されれば、確かに自衛隊が武力紛争の当事者になることはない。

しかし現実には、武力紛争が再燃した場合、ＰＫＯに参加する他国部隊が「文民保護」などのマンデートを完遂するために活動を継続する中、日本だけが自衛隊をただちに撤収させるのは困難である。

この矛盾に蓋をして活動を継続するために日本政府がこれまでとってきた方法は、武力紛争の再燃や発生そのものの否認である。そもそも武力紛争が発生していないことにしてしまえば、自衛隊が武力紛争の当事者になって憲法が禁じる武力行使をすることはないという理屈が立つ。

自衛隊員は国際人道法で保護されない?

しかし、PKOを統括する国連自身が武力紛争の発生を認めているのに、PKOに自衛隊を派遣する日本政府が武力紛争の発生を否認するというのは、法的に重大な問題を引き起こす。

例えば、南スーダンPKOでは、国連も安保理決議で武力紛争の発生を認め、「南スーダンにおける事態が、同地域の国際の平和および安全に対する脅威を構成し続けていることを認定して、国連憲章第七章にもとづいて行動」すると明記していた。

国連憲章第七章は「平和に対する脅威、平和の破壊及び侵略行為に関する(国連の)行動」について規定しており、内戦勃発後の南スーダンPKOはこれに該当すると国連は認定していたのだ。

ところが日本政府は、二〇一三年一二月の内戦勃発時も、二〇一六年七月の内戦再燃時（ジュバ・クライシス）も、「武力紛争が発生しているとは考えていない」と説明した。

自衛隊が撤収せずに活動を継続するためには、武力紛争の発生や再燃を否認するしかなかったからである。そのために、戦闘はあくまで「散発的」なもので、一方の当事者であるマシャール派は「国に準ずる組織」には当たらないということにしてしまったのである。

そもそも武力紛争が発生していなければ、自衛隊が政府軍やマシャール派の攻撃を受けて交戦になったとしても、自衛隊の武器使用が憲法九条違反の武力行使と評価されることもないし、国際人道法違反の「戦争犯罪」と評価されることもない。日本政府にとっては都合のいいロジックではあるが、このようなロジックは国内では通用しても国際的にはまったく通用しないだろう。

例えば、国際人道法を構成するジュネーブ条約は、武力行使の際には戦闘員と文民、軍事目標と民用物を区別して戦闘員と軍事目標のみを攻撃することや、戦闘不能となった敵傷病兵への攻撃禁止、捕虜への報復の禁止と人道的待遇の遵守などを定めている。これに違反した場合は、戦争犯罪となる。

しかし、もし仮に自衛隊員が交戦の中でこれらの行為を行ったとしても、日本政府は自衛隊に国際人道法が適用されないとしているため、戦争犯罪を否認するほかない。

そもそも、自衛隊員がＰＫＯの現場で武力紛争の当事者になることは想定していないので、上記のような戦争犯罪を裁くための法整備もなされていない。このままだと、実際に自衛隊員が戦争犯罪が疑われる行為をしてしまった場合、国際的に深刻な問題を引き起こしかねない。

東ティモールＰＫＯで暫定行政府の県知事を務めたほか、シエラレオネＰＫＯでも民兵を武装解除し社会復帰させる活動（ＤＤＲ＝武装解除・動員解除・社会復帰）の責任者を務めた経験を持つ伊勢﨑賢治・東京外国語大学教授は、「ＰＫＯ部隊が文民保護のために紛争当事者になるかもしれない時代に、国際人道法違反を国内法廷で裁く法制度を確立していない国は、そもそもＰＫＯに参加する資格はない」と断言する。

また、逆に自衛隊員が拘束されて捕虜になった場合も、日本政府は武力紛争を否認している限り、相手側に国際人道法に基づいた人道的待遇を要求することができない。

これは、ＰＫＯだけでなく、イラク派遣のような多国籍軍への後方支援でもまったく同じだ。

二〇一五年の新安保法制の国会審議の中で、野党議員がこの点を質問したことがあった。

それに対する政府の答弁は、こうだった。

「後方支援は武力行使に当たらない範囲で行われる。自衛隊員は紛争当時国の戦闘員ではないので、ジュネーブ条約上の『捕虜』となることはない」

（岸田文雄外務大臣、二〇一五年七月一日、衆議院平和安全法制特別委員会）

ジュネーブ条約上の「捕虜」にならないということは、仮に自衛隊員が捕らえられて国際人道法に反する扱いを受けたとしても、日本政府は法的根拠に基づいた抗議を行えないことを意味する。

この答弁について、私が取材した現役の陸上自衛隊員が「国の命令で行くだけ行かせて、後は知らないよとなるんだな、と。自衛官はやっぱり使い捨てなんだと思った」と語っていたことを今でも鮮明に覚えている。

こうした問題に蓋をしたままPKOへの派遣を続けるのは、国際的にも、国内的にも（特に派遣自衛官に対して）、極めて無責任だと言わざるを得ない。

「クルス報告」で自衛隊の参加は困難に？

「文民保護」を重視する現代のＰＫＯはますます、停戦合意や紛争当事者の同意が安定的に維持されない、複雑で困難な状況下で活動せざるを得なくなっている。それは同時にＰＫＯ要員のリスクを増大させている。

二〇一七年一二月七日には、コンゴ民主共和国北キブ州でＰＫＯの基地が反政府勢力の襲撃を受け、タンザニア軍兵士ら一五人が死亡する事件が発生した。これは、一九九三年にソマリアＰＫＯでパキスタン軍兵士二四人が反政府武装勢力に殺害されて以来、最多の犠牲者数であった。

コンゴでは、ＰＫＯ部隊が完全に「紛争当事者」になっている。国連安保理は二〇一三年三月、国連コンゴ民主共和国安定化ミッション（ＭＯＮＵＳＣＯ）に反政府武装勢力の「無力化・武装解除」を任務とする「介入旅団」を設置。戦闘ヘリコプターや重砲も配備し、コンゴ政府軍と共同で反政府武装勢力の掃討作戦を展開した。これにより、ＰＫＯ部隊は明確に反政府勢力の「敵」となり、攻撃目標となった。

二〇一七年には、暴力的行為により五六人のＰＫＯ要員が死亡した。二〇一三〜二〇一七年の五年間の死者は二〇四人に達し、ＰＫＯの歴史上最悪の規模となった。

これを深刻に受け止めた国連のアントニオ・グテーレス事務総長は、ハイチやコンゴのPKOで軍事部門司令官を務めたブラジルのサントス・クルス退役中将に、PKO要員の死傷者数増加への対策に関する調査・検討を要請。国連は二〇一八年一月、クルス退役中将が作成した「国連PKO要員の安全性の向上に関する報告書（クルス報告）」を公表した。日本にとっても非常に重要な内容なので、なるべく原文を引用しながら紹介したい。

まず、クルス報告は情勢認識として、「（PKO要員は）もはやブルーヘルメットや国連旗によって当然に守られる状況にはない」と述べ、国連の権威によって武装勢力などからの攻撃を抑止できるような状況ではないと明言。その上で、死傷者数を減らすための対策として一五項目の勧告を記している。

「武力の行使」については、「攻撃を抑止し、また攻撃を撃退するため、国連は強くなければならず、必要な時は武力の行使を恐れてはならない」とし、自らの安全への脅威に対して「防御姿勢に固執してはならない」と強調。「あらゆる戦術を用いて、脅威の無力化や排除のためのイニシアティブをとらなければならない」と述べている。

さらに、「PKO原則が武力の行使やそのイニシアティブを制約するものと考えてはならない」として、「PKO原則は、激しい衝突が予想されるリスクの高い場面においては、部隊が圧倒的な武力を用い、また積極的かつ先制的に行動することを明確に示すものでなくてはならない。戦闘では国連が勝たなければならない。さもなければＰＫＯ要員が死ぬ」と強調している。

同報告は、要員派遣国の活動の「留保」についても問題にしている。

〈国連は要員派遣国の留保事項を認めてはならない。なぜならば、（筆者注：活動の留保は）ミッションの一体性や相互防御能力を弱めるからである〉

派遣国の個別的事情による例外や単独行動は認めず、常に国連（ミッション司令部）の一元的指揮の下での活動を求めるということだ。

これがＰＫＯの現場のリアリティである。クルス報告を読めば、日本のＰＫＯ派遣の法的枠組みと現場のリアリティとの深刻な乖離が、誰でも理解できるだろう。

現在のＰＫＯの現場は、もはや日本の「ＰＫＯ参加五原則」が成立する世界ではなく、「武力行使」が禁じられ、正当防衛・緊急避難が成立する場合にしか危害射撃が認められていない自衛隊に対応できるものではなくなっている。こうした問題に蓋をして、無理やり自衛隊を派遣すれば、他国の部隊以上に隊員たちが危険に晒されることになるだろう。

避けられない憲法九条の議論

日本政府は、二〇一七年に南スーダンから陸上自衛隊の施設部隊を撤収させて以降、新たなＰＫＯへの部隊派遣を行っていない。一九九二年のカンボジア派遣から二〇一七年までの二五年間は、ほとんど間を空けることなくＰＫＯへの部隊派遣を続けてきたので、これは「異例」と言ってもいいだろう。

ＰＫＯへの部隊派遣が止まっている理由について、第三章末にも登場している、カンボジアＰＫＯの第一次大隊長を務めた渡邊隆・元陸将は筆者の取材に次のように語った。

「最大の理由は、国連ＰＫＯの現実が日本のＰＫＯ参加五原則と全然合わなくなったからです。国連は、武装勢力によって命を脅かされている文民を守るために、自ら銃を取ると明言しています。つまり、国連ＰＫＯ部隊が武力紛争の当事者になり得るということです。だから、国連のＰＫＯの原則に、『中立性の維持』はもうありません。こういうＰＫＯには、今のＰＫＯ法の下では自衛隊は参加できません」

日本のＰＫＯ法の枠組みがＰＫＯの現実に合わなくなっていることが、南スーダンからの撤収以降、新たな部隊派遣が止まっている最大の理由だというのだ。

国連は現在、ＰＫＯの基本原則を、

①　紛争当事者の同意
②　公平性
③　自衛またはマンデート（任務）の防衛以外の目的での武力行使の禁止

の三つに整理している。この原則に基づくならば、特定の紛争当事者に肩入れすることはしないが、「文民保護」というマンデートを遂行するために必要だと判断した場合には、特定の紛争当事者に対して武力行使することもあり得る。

日本が今後もＰＫＯへの部隊派遣を行っていくならば、日本のＰＫＯ参加五原則を国連のこの三原則に合わせる必要があるだろう。

しかし、これはＰＫＯ法の改正だけで済む話ではない。なぜなら、ＰＫＯ参加五原則とは「我が国が国際平和協力隊に参加するに当たって、憲法で禁じられた武力行使をするとの評価を受けることがないように担保される意味で策定された国際平和協力法の重要な骨格」（政府見解）だからである。

ＰＫＯに武器を持って参加した自衛隊が、憲法九条が禁じる「武力の行使」を行ったと評価されることがないようにするための担保が、ＰＫＯ参加五原則の規定なのである。よって、これを見直すためには、どうしても憲法九条の問題に触れざるを得ない。

日本政府はこれまで、憲法九条の下でも自衛権までは否定されていないとして、自衛のための必要最小限度の武力の行使は許容されるという憲法解釈を行ってきた。ＰＫＯでの武力の行使は日本の自衛権とは関係なく、この憲法解釈では許容されていない。

なお、二〇一四年に「安全保障の法的基盤の再構築に関する懇談会（安保法制懇）」が安倍晋三首相に提出した報告書では、憲法九条が禁じているのは「我が国が当事国である国際紛争の解決のために武力による威嚇又は武力の行使」であり、「国連ＰＫＯ等や集団安全保障措置への参加といった国際法上合法的な活動への憲法上の制約はないと解すべき」と結論付けた。

世界を見渡してみると、国家の行為としての武力行使と、国連が行うＰＫＯでの武力行使を法的に区別して整理している国は確かに存在する。

例えば、永世中立国のオーストリアは原則として他国の紛争に介入することを禁じているが、一九九七年に軍隊派遣法を制定し、国連やＯＳＣＥ（欧州安全保障協力機構）、ＥＵ（欧州連合）など国際機関の枠組みで行われる平和維持活動や人道・災害救援への軍隊の派遣を認めた。

国連も、ＰＫＯにおける武力行使は、国連憲章が禁じる違法な武力行使にはあたらないという立場だ。

しかし、安倍首相は国連のＰＫＯや集団安全保障措置における武力行使を合憲とする解釈について、「これまでの政府の憲法解釈とは論理的に整合しない。私は憲法がこうした活動のすべてを許しているとは考えない」として、採用しなかった。

解釈の変更が難しいとすると、国連の基本原則に合わせてＰＫＯでの武力行使を一部許容するには、憲法九条を見直すほかない。

ただ、憲法九条はＰＫＯだけではなく自衛隊の活動全般に関わるので、改正には慎重な議論が必要だ。

前出の渡邊・元陸将も次のように問いかける。

「国連ＰＫＯの現実と日本の五原則との乖離については、国民的な議論をしてほしいし、日本なりの結論を出してほしいという思いはあります。でも、これを突き詰めていくと、

アフリカで実施している「国連PKO支援部隊早期展開プロジェクト」（防衛省ウェブサイトより）

どうしても憲法九条の問題に触れる。憲法はPKOのために変えるものなのでしょうか？　そこはきちんと議論してほしいと思っています」

部隊派遣以外でできる日本の貢献

では、現場の自衛隊員は、今後の自衛隊の海外派遣はどうあるべきだと考えているのだろうか。

私は今回、PKO派遣部隊の指揮官を務めた経験を持つ三人の現職幹部自衛官に取材することができたが、いずれも今後の海外派遣のあり方については日本政府が決めることだとして多くを語らなかった。

そこで、ここでは、二〇一六年に教訓収集要員として南スーダンPKOに派遣され、二〇一九年に陸上自衛隊を退官した小山修一・元一等陸佐に再びご登場いただく。小山は、二〇一六年七月に自衛隊宿営地の近傍で政府軍と反政府勢力の大規模な戦闘が発生したジュバ・クライシスを現地で経験。その貴重な証言は、

第一章で紹介した。

　小山はまず、自衛隊の海外派遣のあり方は、自衛隊の任務全体の中で論じなければ意味がないと指摘する。

「自衛隊の国際平和協力活動がどうあるべきかを論ずる前に、昨今の日本周辺の安全保障環境下において本来任務である我が国の防衛や、自然災害の多発化に伴う災害派遣等の国内任務とのバランスやプライオリティーから自衛隊の運用はどうあるべきかを考える必要があります。また、少子高齢化による募集難で若年隊員が不足し、自衛隊の充足率が低いという問題を抱える中、限られたマンパワーを多様な任務にどう配分するかという問題もあります」

　その上で、今後も恒常的に海外に派遣するならば、量的な貢献よりもむしろ質的な貢献に力を入れるべきだと話す。具体的には、ＰＫＯの司令部等への幕僚派遣と他国軍の能力構築支援を挙げる。

　前者については、二〇一七年に南スーダンから施設部隊が撤収した後も、司令部要員の派遣は続けられている。

「二〇一〇年以降に設立された現在進行中の国連ＰＫＯミッションはすべてが政情不安定

なアフリカが活動の舞台になっており、文民保護が主体の交戦も辞さない危険な任務です。現行のＰＫＯ協力法が変わらないという前提であればＰＫＯ参加五原則に抵触し、自衛隊の活動としては馴染《なじ》みません。一方で、少数精鋭の自衛官を司令部要員として派遣しているのは理にかなっていると思います。例えば司令部の工兵部署には建設・土木のコンサル的なポストもあるので、これまでの経験を十分に活かして他国の軍人に助言することができます。また、高位ポストで国際的にリーダーシップを発揮するというのも良いでしょう」

後者の能力構築支援についても、日本政府は二〇一五年から国連と共同して「国連ＰＫＯ支援部隊早期展開プロジェクト」を開始している。日本が資金と教官を出して、アフリカのＰＫＯ要員派遣国の工兵を対象に重機の操作訓練を行うプロジェクトで、これまでにケニアやウガンダで一〇回実施してきた。二〇一八年からはアジアにも拡大し、ベトナムで三回実施してきた。

また、ＰＫＯ要員の安全性の向上が喫緊の課題になっていることから、アフリカのＰＫＯ要員派遣国の衛生兵を対象とした訓練も二〇一九年から開始した。

小山は、能力構築支援は日本の特性に合った活動だと話す。

「陸上自衛隊が長年培った専門性の高いノウハウが今後、国連PKOの部隊派遣に力を入れる途上国にも継承されることになるでしょう。人に教え、かつ人を育てることは元来、日本人の得意とする分野であり、日本の国民性に合致した国際平和協力ではないでしょうか。PKOの部隊派遣のようなブルーヘルメットを被った目立つ活動ではなく、国内のメディアから注目されることも少ないですが、まさに時代の流れに沿った日本の自衛隊にしかできない質の高い国際平和協力と言えます」

能力構築支援は紛争地ではない場所で実施するものであり、日本が憲法九条やPKO参加五原則との整合性をまったく気にすることなくPKOに貢献できる分野である。

私は、二〇一九年に「国連PKO支援部隊早期展開プロジェクト」でウガンダに教官団長として派遣された陸上自衛隊の藤堂康次《こうじ》二等陸佐に話を聞くことができた（三〇四ページにインタビュー）。

藤堂は二〇一九年八月下旬から一一月中旬までの約三カ月間、約二〇人の教官団を率いて、ウガンダ軍の工兵約三〇人に対して建設重機の操作技術を教育訓練した。

藤堂によると、自衛隊が行った教育訓練は好評で、「日本隊は技術が高く、教え方もわかりやすかった」「学生との接し方も非常に友好的で感銘を受けた」（訓練終了時のアンケート）などと高い評価を受けたという。「上から目線ではなく、現地に溶け込んで現地の文化を尊重するという日本人の良いところが活かせたと思う」と藤堂は話す。

小山も言う。

「今後もこれらの活動を継続し、友好国との間でより強い信頼関係を築くことが、長い目で見て日本の国益にもつながっていく。信頼関係とはけっして経済支援などの単にお金だけの問題ではなく、人と人のつながりや絆《きずな》にあると思っています。これが私の二度にわたる海外派遣の経験で得た結論です」

「文民保護」型ＰＫＯへの部隊派遣が難しくなった今、日本はこうした分野で積極的に国際社会の一員としての責任を果たしていくべきだろう。

非武装で活動する軍事監視要員

もう一つ、現在の憲法の下でも実施できて、かつ、日本に向いていると筆者が思うＰＫＯの活動分野がある。

それは、軍事監視要員（military observers）の派遣である。

軍事監視要員は、各国の「軍人」（大半が将校）が武器を携行せずに行うＰＫＯの活動の一つで、停戦の監視や武装解除の監視などを行う。また、担当地域における各勢力との連絡や、時には戦闘の再発を防ぐために各勢力の間に入って仲介なども行う。非武装で行うのは、そうした「交渉者」としての役割が大きいためである。

軍事連絡要員として東ティモールに派遣された女性自衛官。住民と対話し情報を収集するのも重要な任務だ＝2011年（防衛省統合幕僚監部ウェブサイトより）

軍事監視要員は、「郷に入っては郷に従う」文化があり、地域に溶け込み、現地の人々と友好的な関係を構築するのが得意な日本人にはもってこいの活動ではないだろうか。欧米諸国と異なり、現在のPKOの主要な舞台である中東・アフリカ地域に侵略したことがないのも大きなアドバンテージになる。しかも、非武装で行うので武力行使に及ぶ可能性はなく、憲法九条とも矛盾しない。

日本はこれまで、カンボジア、ネパール、東ティモールのPKOに軍事監視要員（カンボジアは停戦監視要員、東ティモールは軍事連絡要員）を派遣した経験があるが、残念ながら、日本政府は派遣にあまり積極的ではないようだ。部隊に比べて人数が少なく、プレゼンスを示しにくいからだろうか。

しかしこの軍事監視要員派遣は本気で取り組めば、日本の「お家芸」にできる可能性がある任務ではないだろうか。

実は、この任務をすでに「お家芸」にしている国がある。スイスである。

スイスは、この軍事監視要員に特化してＰＫＯに参加しており、現在もコンゴやマリ、南スーダン、西サハラ、カシミールなどに要員を派遣している。

スイスも前述のオーストリアと同様、永世中立国で、原則として他国の紛争への介入を禁じているが、一九八九年に「平和維持活動及び仲介活動への要員派遣に関する政令」を制定し、国連ＰＫＯへの要員の派遣を認めた。国連が統括するＰＫＯは国際社会を代表して行われる活動であり、スイスの中立政策と矛盾しないという判断であった。

ただし、派遣は「非武装の要員」に限定されたため、非武装で任務を遂行する軍事監視要員に特化して参加している。

その後、ＰＫＯに武装した部隊を派遣することを認める法律（「ブルーヘルメット法」）が一九九三年に国会で成立する。だが、翌一九九四年にレファレンダム（議会を通過した法律

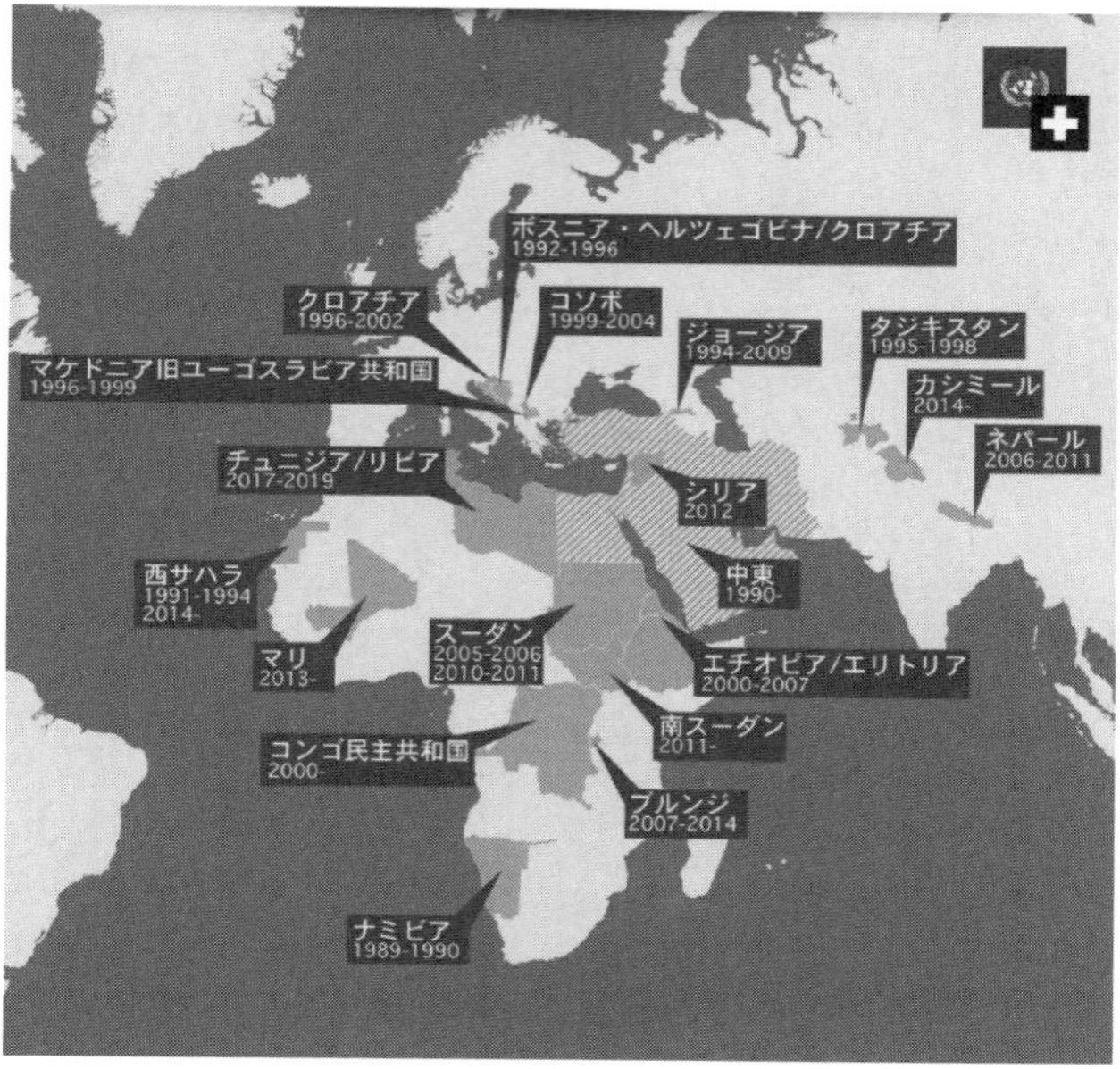

スイスの国連軍事監視要員派遣の実績（引用：SWISSINT2020）

の存廃を決める国民投票）が行われた結果、反対票が過半数を超え、この法律は廃止された。

　その結果、スイスは現在も、軍事監視要員に特化してＰＫＯへの貢献を行っている。

　もう一つ、現在の憲法と矛盾しない形で行うことができるＰＫＯへの貢献は、文民の派遣である。

　ＰＫＯは、どんなにリスクの高いミッションであっても、軍事部門だけでは成立しない。例えば、ＰＫＯ部隊が政府軍と一緒になって反政府勢力の掃討作戦まで行ったコンゴのＰＫＯでも、要員の一五％以上は文民である。現在のＰＫＯは単に平和を維持するだけではなく、国家再建の支援や平和構築まで担うので、多くの文民専門家の力を必要とするのである。

もともと、日本のＰＫＯへの要員派遣は文民から始まった。一九八八年に、「国連アフガニスタン・パキスタン仲介ミッション（ＵＮＧＯＭＡＰ）」に政務官を一人派遣したのが最初だ。翌年には、「国連ナミビア独立支援グループ（ＵＮＴＡＧ）」に、三一人の文民を選挙監視要員として派遣した。

さらに、一九八九年から一九九〇年にかけて、「平和のための協力」構想を掲げる竹下登内閣の下で、ＰＫＯに文民を派遣するための基本法制定に向けた準備も政府内で進められた。公務員だけでなく民間からも派遣要員を募るために、ＪＩＣＡに匹敵する「平和協力人材センター」を設立することも積極的に検討された。だが、一九九〇年八月の湾岸戦争勃発以降、政府の関心は多国籍軍支援に移り、この構想は立ち消えとなってしまった。

部隊派遣が難しくなった今、改めて文民派遣を日本のＰＫＯ参加の主軸にするという選択肢もあるだろう。

「一人も殺さないアクター」として

私が、自衛隊の部隊派遣ではないPKOへの参加という方式を推す理由は、平和維持や平和構築には「一発も撃たず、一人も殺さないアクター」が不可欠だと考えるからである。

特に、多くの紛争当事者が存在し、民族間や宗派間の対立などの要因も複雑に絡みあう内戦対応型のPKOでは、現地住民との信頼関係を構築することが活動を行う上で決定的に重要である。

PKOではないが、陸上自衛隊のイラク派遣では、人道復興支援に徹して地域住民の信頼獲得に成功したことが、部隊の安全確保につながり、地域の安定化にも寄与できたと分析されていた（第二章）。

同時に、たとえ自衛のための正当な武器の使用であっても、一発でも撃てば、それまで醸成してきたイラク国民との信頼関係が崩れるのではないかと懸念した指揮官もいた。

現地の人に対して一発も撃たず、一人も殺さないことが、いかに活動の成功にとって重要であるかを示したのがイラク派遣であった。

アフガニスタンでは、米軍やNATO軍が「地域復興チーム（PRT）」をつくって全土に展開した。これも、人道復興支援で地域住民の民心をつかまなければ治安の安定化はないという考えに基づいていた。

しかし、一方の手で住民を巻き添えにしての空爆や掃討作戦を行いながら、もう一方の手で人道復興支援を行うやり方では、住民の信頼を獲得することはできなかった。

かつて、NGO「日本国際ボランティアセンター(JVC)」の職員としてアフガニスタンに駐在していた長谷部《はせべ》貴俊《たかとし》氏は、現地の住民からこんな声を耳にしたという。

「ある時には、治安維持のためと言って村を攻撃して人々を殺し、ある時には、人道・復興支援のためと言って突然物資を配り出す。今日はどっちのために活動するのか、さっぱりわからない」

米軍はJVCが支援する診療所にも突然やってきて、薬や生活物資を配布したという。それを見た村の住民は、「JVCは米軍と協力しているのか」と尋ねてきたそうだ。「PRT(地域復興チーム)による援助活動は、軍隊とNGOなどの文民組織による支援との境を不明瞭にし、援助関係者を危険に晒す。その結果、NGOの活動範囲が狭まり、住民にとって一層非人道的な状況が生み出されてしまう」と長谷部は指摘する。

こうした観点からも、人道復興支援活動は、戦闘を行う多国籍軍から独立した、「戦闘を行わないアクター」が行うのがふさわしいと言えるだろう。

結局、米軍とNATO軍はアフガニスタンの安定化に失敗し、二〇二一年八月、タリバン政権の復活を許して同国から撤退した。最後まで、アフガニスタンの人々の民心をつかむことができなかったのである。


PKOでも、「一発の発砲」から戦闘がエスカレートし、ミッションの失敗につながったケースがある。

一九九三～九五年にソマリアで行われたPKO「第二次国連ソマリア活動（UNOSOMⅡ）」だ。

このPKOでは、平和を破壊する武装勢力を同意なきままに武装解除させることも任務に含まれ、そのためにPKO部隊には強力な武器使用権限が与えられていた。

一九九三年六月五日、同国最大の武装勢力アイディド将軍派のラジオ局がPKO部隊に占拠されると勘違いした同派の支持者数百人が抗議行動を開始したのに対し、パキスタン軍部隊が発砲。これがきっかけとなって銃撃戦となり、双方に二〇人を超える死者が出た。

これを受けて、PKO部隊に参加する米軍がアイディド将軍派の拠点を戦闘ヘリなどで空爆。六月一二日には、空爆に抗議してデモを行う市民に対して再びパキスタン軍が発砲し、ソマリア人十数人が死亡する事件が起きる。

これによりソマリアでは反国連感情が急速に高まり、ＰＫＯ部隊はアイディド将軍派との泥沼の戦闘にはまり込み、一三〇人の犠牲者を出した末に撤退に追い込まれた。アイディド将軍派との交戦で一八人の米兵が死亡し、後に「ブラックホーク・ダウン」（二〇〇一年）という映画になったモガディシュでの戦闘もこの中で起きたものであった。

ＰＫＯ部隊自身が「紛争当事者」になってしまった場合、戦闘がエスカレートしないように「暴力の連鎖」をどこかで断ち切らなければならない。そのためには、住民の中でＰＫＯへの信頼を醸成し、時には「調停役」も担うアクターが必要である。日本は、武器を手に平和のスポイラー（和平プロセスを妨害したり文民を攻撃したりする者）に立ち向かうよりも、こちらの役割の方が向いていると思うのだ。この役割を担うには、「一発も撃たず、一人も殺さないアクター」であり続けることに意味がある。

米世界戦略のもとで

今回、自衛隊海外派遣の歴史をその前史も含めてみていく中で、一つの特徴が浮かび上がってきた。

それは、その時々でアメリカが日本に期待する役割を担ってきたということだ。

アメリカはかなり早い時期から、自衛隊の海外派遣に期待を表明してきた。例えば、外務省が二〇一八年に機密解除して公表した外交記録文書によると、一九六九年一〇月一五日に日本で開かれた日米安保協議の場で、米側は「ベトナム戦争終結後、peace-keeping（平和維持）のため、自衛隊を例えば二〇〇〇人位送り出す場合の日本国内の政治的反応はどうか」と尋ね、感触を探っている。

もっとさかのぼると、そもそもアメリカが日本に再軍備を求めたのは、世界戦争が起きた時に日本の戦力を活用するというねらいがあった。

マッカーサー連合国軍最高司令官の指令で自衛隊の前身である警察予備隊が創設された一九五〇年八月、米軍トップのブラッドレー統合参謀本部議長はジョンソン国防長官に「日本は効果的な自衛力をもつために実質的に適切な再武装をさせる必要がある」と勧告する覚書を送った。この中で、ブラッドレー統合参謀本部議長は、「世界戦争（グローバル・ウォー）が起きた時に、アメリカが日本の戦力を活用できることが、アメリカの戦略にとって極めて重要」とも記し、日本に再軍備をさせる目的が日本の防衛だけではないことを強調した（末浪靖司《すえなみやすし》『機密解禁文書にみる日米同盟　アメリカ国立公文書館からの報告』高文研、二〇一五年）。

アメリカは日本に警察予備隊を創設させた当初から、日本の戦力をアメリカの世界戦略のために活用することを考えていたのである。

このアメリカの構想に歯止めをかけてきたのは、憲法九条と自衛隊の海外派兵に対する日本国民の強い忌避感であった。序章で述べたように、日本政府は活動の目的・任務が武力行使を伴わないＰＫＯであれば憲法上参加は可能という憲法解釈をとったが、国民の批判を警戒して海外派遣に必要な法整備まではなかなか踏み込まなかった。与党である自民党の中にも、後藤田正晴のように自衛隊の海外派遣に強い忌避感を持つ戦中派の有力議員がいたことも大きかった。

そこに風穴を開けたのが、一九九一年の湾岸戦争であった。アメリカは日本に多国籍軍への参加を求めたが、後藤田は海部《かいふ》俊樹首相に「蟻の一穴になるぞ」と言って戒めたという。「蟻の一穴」とは、どんなに堅固に築いた堤防でも蟻が開けた小さな穴が原因で崩落に至ることがある、という趣旨の格言だ。後藤田は、ひとたび自衛隊を派遣すれば、歯止めがかけられなくなることを危惧していたのだ。

結果的に多国籍軍に自衛隊を参加させることはなかったが、海部は湾岸戦争終結後にペルシャ湾に遺棄された機雷を除去するために海上自衛隊の掃海部隊を派遣した。この最初の海外派遣が契機となって、翌年にはPKO法が制定され、PKOへの自衛隊派遣がカンボジアを皮切りに開始される。

この時期は、冷戦終結と米ソ協調の下でPKOをはじめとする国連の平和活動が活発化し、アメリカもそれに力を入れた時期であった。

二〇〇〇年代は、アメリカが中東を中心に「テロとの戦い」に力を入れた時期であった。この時期は、日本もアメリカの中東における軍事作戦を支援するため、特措法を制定して自衛隊をインド洋やイラクに派遣した。

二〇一〇年代に入ると、アメリカは安全保障政策の重心を徐々に中東からアジアに移し始める。オバマ大統領は二〇一一年末、イラク戦争の終結を宣言し、イラクから米軍を撤退させる。同時に、外交・安全保障でアジア太平洋地域を重視する「リバランス政策」を打ち出す。これは、中国の経済的・軍事的台頭を念頭に置いたものであった。

二〇一七年に大統領に就任したトランプ氏は、中国に対抗する姿勢をより鮮明にし、それまでの「対テロ」に代わって「中国との戦略的競争」をアメリカの国家安全保障戦略の最優先事項に位置付けた。現在のバイデン政権も、この方針を引き継いでいる。

アメリカは中国との戦略的競争に打ち勝つために、同盟国である日本にもさまざまな協力を求め、日本もこれに最大限応えようとしている。現在、アメリカが自衛隊に期待しているのは、アフリカのＰＫＯへの派遣ではなく、インド太平洋地域でアメリカの対中軍事戦略を補完することである。日本政府がＰＫＯへのモチベーションを失っているように見えるのも、そのためであろう。

こう振り返ってみると、自衛隊の海外派遣は大きな流れでは、アメリカの世界戦略に沿う形で進められてきたことがわかる。結果的には、ＰＫＯで実績を重ねることで自衛隊の海外派遣に対する国民の支持を獲得し、その政治基盤のもとで海外派遣の重心を徐々に同盟国であるアメリカの支援に移していったとも言えるだろう。

イラク派遣では、表向きは「イラクの人道復興支援」の看板が掲げられたが、私が入手した航空自衛隊の内部文書では、「日米同盟の緊密化」が最優先の目標だと赤裸々に記していた。

〈突き詰めて言えば、本任務を通じて、我が国の安全保障に貢献するにあり、「日米同盟の緊密化」が最優先される目標である。このためには、安全確保（隊員達を任務で死傷させないこと）を最優先としつつも空輸任務の実施を通じ米国との連帯感を維持・向上させなければならない〉

（「第13期空輸計画部勤務報告」）

一方で、三〇年前に自衛隊初のＰＫＯ派遣部隊を率いてカンボジアの地を踏んだ渡邊隆・元陸将は、私のインタビューに「当時は、米ソの冷戦が終わり、これからは国連が主導して地域紛争を一つひとつ解決していけば、世界は平和になるだろうという期待があった」と語り、「自衛隊が国民の先頭に立って（国際平和に）貢献していこう」という期待が隊員たちの中にもあったと証言した。さらに日本政府には、そうしたＰＫＯへの人的貢献を通じて国連における日本の地位を高め、国連安保理の常任理事国入りにつなげたいという思惑もあったという。

だが、三〇年が経った現在、こうした「初心」の影は薄い。自衛隊海外派遣のベクトルは、「国際平和への協力」「国連への貢献」から、日本の安全保障のための「対米支援」「日米同盟の強化」にシフトした。渡邊がインタビューの最後に口にした「自衛隊がＰＫＯに出た二五年間（カンボジア派遣〜南スーダン撤収）は一体何だったのか」という言葉が、この変化を象徴しているように私には感じられた。

自衛隊に何を負託するのか

二〇一五年に成立した新安保法制により、自衛隊は集団的自衛権に基づく武力行使が可能となった。それまでは、日本が外部から武力攻撃を受けた場合にのみ武力行使が許されていたが、それに加えて、アメリカなど「我が国と密接な関係にある他国」に対する武力攻撃が発生した場合にも武力行使することが可能とされたのである。

これにより今後は、アメリカが戦う海外での戦争に自衛隊が「派兵」（武力行使の目的を持って武装した部隊を他国の領土、領海、領空へ派遣すること）される可能性がある。

例えば、米中が戦争に至った場合、アメリカの要請を受けて自衛隊が中国の領海内で機雷掃海に当たることがあるかもしれない。これは中国との戦争に日本が参戦することを意味する。

このようにアメリカと軍事的に一体となって行動していくのが、はたして日本の安全保障にとって最善の選択なのかは、国民的に議論すべき重要な論点だ。

また、二〇二二年二月に始まったロシアによるウクライナへの侵攻は、「国連の限界」

を改めて露呈させた。安保理で拒否権を持つ大国が侵略者となった場合、国連の集団安全保障は機能しない。今回もロシアの侵攻に対して、国連として平和を回復するための具体的な措置をとることはできなかった。

しかし、こうした限界があるからと言って、日本は「国連中心主義」を手放してはならない。日米安保条約も国連の集団安全保障が実現するまでの過渡的な枠組みと位置付けられているように、国連憲章に基づく国際秩序の構築のために不断の努力を続けるべきである。

国連は現在も、アフリカを中心に一二の地域でPKOを展開中だ（二〇二二年三月現在）。米中や米露の大国間競争だけに目を奪われて、世界中で今も続く内戦や地域紛争に無関心になってはならないと思う。

日本国憲法前文は「われらは、平和を維持し、専制と隷従、圧迫と偏狭を地上から永遠に除去しようと努めている国際社会において、名誉ある地位を占めたいと思う。われらは、全世界の国民が、ひとしく恐怖と欠乏から免かれ、平和のうちに生存する権利を有することを確認する」とうたっている。今こそ、この言葉を噛みしめたい。

日本は、たとえアメリカの期待が今はそこになかったとしても、日本なりのやり方でP

KOなどの国際平和のための活動を続けていくべきだと思う。もちろん、それは自衛隊の派遣に限るものではないが、先ほど紹介した「軍事監視要員」のように自衛隊にしかできない役割もある。繰り返しになるが、日本政府には是非とも「一人も殺さないアクター」として国際平和に貢献する道を模索していってほしい。これが私の願いである。

いずれにせよ、自衛隊にどんな任務を与えるのかを決めるのは、この国の主権者である国民である。

南スーダンでジュバ・クライシスを経験した小山修一・元一等陸佐は、こう話す。

「自衛官は国からの命令があれば、その命令に従い淡々と任務を遂行します。国民が期待する国益のためなら、たとえどんなリスクがあったとしても、です。それが自衛官の使命感であり、覚悟です。だから多くの国民が真剣に考えなければならないのです」

国民が真剣に考えるためにも、政府は国民に説明する責任があると小山は強調する。

「リスクの高い地域での活動は、いつ犠牲者が出てもけっしておかしくありません。そこに日本として多少の犠牲を払ってでも得られる国益があるのか。その犠牲は日本人にとって耐えられるのか。これを国民に問わなければなりません」

イラク派遣でも、南スーダンPKOでも、もっとさかのぼればカンボジアPKOで予期せぬ巡回・駆け付け警護任務が与えられた時にも、家族に遺書を書いた隊員がいた。「はじめに」で書いたように、イラクで死を覚悟する場面に直面し、親の顔を思い浮かべて涙した隊員もいた。

すべての自衛隊員が入隊時に署名・押印する「服務の宣誓書」は、次の一文で終わる。

〈事に臨んでは危険を顧みず、身をもつて責務の完遂に務め、もつて国民の負託にこたえることを誓います〉

「危険を顧みず、身をもって」。つまり、いざという時には命を懸けるということだ。

私たち日本国民は、自衛隊に何を負託するのか。その選択によって、自衛隊員のリスクは大きく変わる。人間の命がかかった重い選択だ。その選択を責任を持って行うためにも、私たちには自衛隊の活動について知る権利と知る義務がある。

インタビュー④　国連ＰＫＯ支援部隊早期展開プロジェクト（二〇一九年度第二回）
教官団長・藤堂康次氏に聞く

日本人の良さを活かして

――「国連ＰＫＯ支援部隊早期展開プロジェクト」では、具体的にどんなことをされたのでしょうか。

二〇一九年八月から一一月までの三カ月間、アフリカのウガンダ共和国にある早期展開能力センターという国軍の施設で、国軍の兵士約三〇名を対象に重機の操作訓練を行いました。学生たちは初級の練度を保持している工兵たちで、それを中級まで上げるのが国連から要請された任務でした。

――教育を行うにあたって、特に留意したことはありましたか。

日本を出国する前、「学生たちと同じ目線に立って、日本人らしく懇切丁寧な教育訓練をしよう」と教官団で話し合いました。練度を評価するために学科試験や実技検定を行うのですが、合格できない者には合格できるまでしっかりとフォローするようにしました。学生だけではなく、教官も緊張感を持って真剣に教育に臨めるように留意しました。

――教育の中で工夫した点はどんなことでしょうか。

教育は前半と後半で二回行いました。後半では、前半の教育に参加した学生の中から優秀な者を二名選抜して、教官助教として我々のアシスタントをしてもらいました。

これは国連から与えられた任務にはなかったのですが、ウガンダ軍独自でも今後こうした教育を継続できないかと考え、日本隊として「プラスアルファ」で発案したものです。早期展開能力センター長の（ウガンダ国軍）准将に提案してみたところ、「それはいいね」と快く了承していただきました。結果的に、この二名はすごく前向きに頑張ってくれて、教官としての知識・能力も付与することができたと思います。

藤堂康次氏（中央）（防衛省ウェブサイトより）

――藤堂さんはイラク派遣の経験もあるとお聞きしましたが、その経験は今回の教育にも活きましたか。

特にイラク派遣の経験があったからどうだったとかはありませんでした。我々は、日本でやっているのとまったく同じやり方で教育を行いました。それが結果的に高い評価を受けて、訓練終了時のアンケートでも「日本隊は技術が高く、教え方もわかりやすかった」「学生との接し方も非常に友好的で感銘を受けた」などと言っていただき非常に感激しました。

自衛隊がやっている教育訓練のやり方は普遍的なものであって、国内だろうが海外だろうがどこでも通用するのだと改めて感じました。

――何がそういう高い評価につながったと思われますか。

これは自衛隊がどうこうというより、上から目線ではなく、現地に溶け込んで現地の文化を尊重するという日本人の良いところが活かせたと思います。現地には日本の企業の方もいらっしゃいましたが、その方々も現地を尊重しながらとても良い仕事をされていました。

――この活動でどんな貢献ができたと思われますか。

私なりに思っているのは、まず一つは、学生全員を中級練度に到達させることができたこと。もう一つは、教官助教の二名が育成できたこと。そして、最後にセンター長の准将から「非常に大きな教育の成果をあげることができた」と感謝の言葉をいただくことができたこと。結果的に、国連とウガンダ共和国に対する日本国のプレゼンス向上にも寄与することができたのではないかと考えています。

――今後、自衛隊はどんな形で国際貢献をしていくべきだとお考えですか。

それは政府全体で考えることですので、私には答えられません。ただ、今までの実績を考えますと、我々のような施設科部隊、建設や機械といった分野は日本の得意分野なのかなと思います。

我々としては、与えられた任務を現地とうまく溶け込ませて、現地の方にもプラスになり、我々にもプラスになり、そして日本国の代表として行っているので日本国民にとってもプラスになるように意識してやっていくことが大事だと考えています。

おわりに

南スーダンＰＫＯ日報隠蔽事件を受けて防衛省は、ＰＫＯ等の日報の保存期間を一〇年とし、保存期間満了後は国立公文書館に移管する方針を発表した。

それまで、ＰＫＯ等の日報の保存期間は一年未満とされ、担当部署の裁量でいつでも廃棄できる「軽微な文書」として扱われてきた。現地部隊が作成した貴重な一次資料である日報は、自衛隊にとってもけっして「軽微な文書」ではなかったが、「情報公開逃れ」のためにこうした取り扱いがなされてきたのである。保存期間一年未満の文書は、廃棄に内閣府の同意が必要なく、廃棄の記録も残さなくてよい。そのため、保存期間を一年未満としておけば、開示請求があった場合、すでに廃棄したことにして不開示にできる（実際、私の開示請求に対しても、この手法がとられた）。

私は、海外派遣の日報の保存期間を一年未満としてきたこと自体が、本来開示されるべき文書が開示されてこなかったという意味で、「隠蔽」であったと思っている。

ＰＫＯ等の日報の保存期間が一〇年に延長され、期間満了後も廃棄せずに国立公文書館に移管する取り扱いに改められたことで、今後は漏れなく情報公開の対象となる。南スーダンＰＫＯ日報隠蔽事件を奇貨として、ようやく正常化されたのである。同時に、これまで存在しないことにされてきた過去の海外派遣の日報等約四万三〇〇〇件の存在も明らかにされた。これも、一つの成果であった。

だが、自衛隊の海外派遣に関する情報公開は、まだ不十分であると言わざるを得ない。開示されても、黒塗りが多過ぎるのである。

「行政機関の保有する情報の一層の公開を図り、もって政府の有するその諸活動を国民に説明する責務が全うされるようにするとともに、国民の的確な理解と批判の下にある公正で民主的な行政の推進に資する」ことを目的として一九九九年に制定された情報公開法は、行政文書の原則開示義務を定めている。

ただし、個人情報や行政の適正な遂行に支障を及ぼすおそれがある情報、国の安全を害したり他国との信頼関係が損なわれたりするおそれがある情報などは例外的に不開示とすることが認められている。この規定が拡大解釈され、必要以上に黒塗りが広範囲に及んでいるのが現状である。防衛省が誤って私に送ってきた黒塗り前の「イラク行動史」と黒塗りされた同文書を読み比べた時、このことを強く実感した。

このミスを契機として、防衛省は「イラク行動史」を全面開示して国会に提出した。これが「前例」となって海外派遣に関する情報公開が進むことを期待したが、残念ながらそうはならなかった。その後に開示されたイラク派遣に関する文書では、「イラク行動史」にも書かれておりすでに公になっている情報まで相変わらず黒塗りされていた。

黒塗りは最小限にするのが情報公開法の基本的な考え方だが、開示を最小限にするという法の理念とは真逆の運用が現在も続いているように思えてならない。

南スーダンＰＫＯでジュバ・クライシスを経験した小山修一・元一等陸佐は、ＰＫＯを始めとする自衛隊の海外派遣は「国民の知らないところで自衛隊が何をやっているかわからない不透明な活動であってはならない。むしろ納税者たる国民に十分に理解、支持される活動でなければならない」として、可能な限り情報を開示すべきだと強調する。特にＰＫＯについては、「国土防衛作戦や特殊作戦とは異なり秘匿性の高い作戦ではないため、自衛隊の情報、警備態勢や武器使用の具体的な要領等の我の手の内を明かすような情報を除き、基本的にはほとんど情報開示ができる内容」だと話す。

部隊が完全に撤収した後も、活動期間中に現場でどんなことが起きていたのかも不開示とする運用は、そろそろ改めるべきではないか。今のままでは、活動の事後検証が十分に行えない。

その意味では、私がこの本で行った検証も、けっして十分ではない。黒塗り箇所が開示されれば、さらに深い検証が可能になるということを付言しておきたい。

このように情報公開という観点から見て不正常な状況が続いている根本には、自衛隊海外派遣の根拠となっている法的な枠組みと現実との乖離の問題がある。この問題が解決されない限り、法的な枠組みと整合しない現実を隠したり、改竄したり、矮小化したりする傾向は形を変えて続いていくことだろう。

これは、「国民の理解なき海外派遣」という、本来あってはならない状況が続いていくことを意味する。

この大きな「ボタンの掛け違い」をどう修正するか。「戦地」への部隊派遣が止まっている今こそ、国民的に議論すべき時だと思う。本書の刊行が、少しでもそのきっかけとなることを心から願っている。

為政者は時に、自らにとって不都合な事実を隠そうとする。その「なかったことにされようとした事実」を見つけ出し、世の中に伝えるのが、ジャーナリストの最も重要な役割だと私は考えている。

自衛隊海外派遣の現場が戦地であったという事実も、為政者にとっては不都合な事実であった。だから、その事実に蓋をしてきた。

一方で、この三〇年間、自衛隊海外派遣の現場では人知れず死を覚悟した隊員もいた。しかし、そのことを政府が伝えることはなく、隊員が自ら語ることも許されなかった。政府が戦地の現実に蓋をするということは、その場所で命を懸けて任務に当たった隊員たちの労苦もなかったことにすることを意味する。

あったことを、なかったことにしてはならない——この思いが、この一三年間、自衛隊海外派遣の検証に取り組んできた私の最大のモチベーションであった。

個人で取り組むにはいささか大きいテーマではあったが、多くの方々のご支援とご協力を得て、時間はかかったが何とかこうして形にすることができた。この場を借りて、心から感謝を申し上げたい。

二〇二二年三月

布施　祐仁

本書で活用した主な自衛隊内部文書

【南スーダンＰＫＯ】

「南スーダン派遣施設隊（第10次要員）成果報告」（本編、別紙綴り、参考資料綴り、教訓収集レポート）、第一〇次南スーダン派遣施設隊、二〇一六年

「南スーダン派遣施設隊第10次要員に係る教訓要報」陸上自衛隊研究本部、二〇一七年

「南スーダン派遣施設隊日々報告」（１６３５号～１６４０号）、第一〇次南スーダン派遣施設隊、二〇一六年（筆者注：日報）

「モーニングレポート」（２０１６年７月８日～７月13日）、陸上自衛隊中央即応集団司令部、二〇一六年

「ＵＮＭＩＳＳ作戦会報」陸上幕僚監部、二〇一六年

「南スーダン派遣施設隊に係る教訓詳報」陸上自衛隊研究本部、二〇一七年

「南スーダン派遣施設隊第５次要員に係る教訓要報について」陸上自衛隊研究本部、二〇一四年

「南スーダン派遣部隊（展開から地域拡大任務準備まで）に係る教訓要報」陸上自衛隊研究本部、二〇一四年

「南スーダン派遣施設隊（第５次要員）成果報告」（本編、別冊第1、別冊第2）、第五次南スーダン派遣施設隊、二〇一四年

【イラク人道復興支援活動】

「イラク復興支援活動行動史」（第1編、第2編）、陸上幕僚監部、二〇〇八年
「CGLL‐WR（イラク復興支援活動教訓週報）」第一～第一二七週、陸上自衛隊研究本部教訓センター、二〇〇四～二〇〇六年（筆者注：研究本部教訓センター週報）
「イラク復興支援群活動報告」各次イラク復興支援群、二〇〇四～二〇〇六年（筆者注：日報）
「現地部隊活動状況」陸上幕僚監部、二〇〇四年～二〇〇五年
「イラク復興支援群成果報告」第一～一〇次、各次イラク復興支援群、二〇〇四～二〇〇六年

【カンボジアPKO】
「カンボディアPKO派遣史」（本編、資料集その1の1、資料集その1の2、資料集その1の3、資料集その1の4、資料集その2）、陸上幕僚監部、一九九五年

【東ティモールPKO、ルワンダ難民救援活動、ゴラン高原PKO】
「東ティモールPKO行動史」陸上自衛隊研究本部
「ルワンダ難民救援隊派遣史」（本編、資料集その1、資料集その2）、陸上幕僚監部、一九九七年
「ゴラン高原派遣輸送隊の撤収に係る教訓詳報」陸上自衛隊研究本部、二〇一四年
「ゴラン高原派遣輸送隊第34次要員成果報告」第三四次ゴラン高原派遣輸送隊、二〇一三年
「ゴラン高原派遣輸送隊（第34次要員）日々報告」第三四次ゴラン高原派遣輸送隊、二〇一三年

主要参考文献

小山修一『あの日、ジュバは戦場だった』文藝春秋、二〇二〇年
布施祐仁、三浦英之『日報隠蔽　自衛隊が最も「戦場」に近づいた日』集英社文庫、二〇二〇年
佐藤正久『イラク自衛隊「戦闘記」』講談社、二〇〇七年
大蔵省印刷局編『カンボディアPKO奮戦記』大蔵省印刷局、一九九四年
旗手啓介『告白　あるPKO隊員の死・23年目の真実』講談社、二〇一八年
御厨貴、中村隆英編『聞き書　宮澤喜一回顧録』岩波書店、二〇〇五年
防衛省防衛研究所戦史部編『西元徹也オーラル・ヒストリー　元統合幕僚会議議長』下巻、防衛省防衛研究所、二〇一〇年
渡邊隆『平和のための安全保障論』かもがわ出版、二〇一九年
神本光伸『ルワンダ難民救援隊　ザイール・ゴマの80日』内外出版、二〇〇七年
前田哲男編著『検証　PKOと自衛隊』岩波書店、一九九六年
谷山博史編著『「積極的平和主義」は、紛争地になにをもたらすか?!』合同出版、二〇一五年
加藤博章『自衛隊海外派遣の起源』勁草書房、二〇二〇年
軍事史学会編「PKOの史的検証」(「軍事史学」167・168号)錦正社、二〇〇七年
国際平和協力本部『国際平和協力25年のあゆみ』国際平和協力本部事務局、二〇一九年
ロメオ・ダレール、金田耕一訳『なぜ、世界はルワンダを救えなかったのか　PKO司令官の手記』風行

社、二〇一二年
伊勢﨑賢治『東チモール県知事日記』藤原書店、二〇〇一年
伊勢﨑賢治、布施祐仁『文庫増補版　主権なき平和国家　地位協定の国際比較からみる日本の姿』集英社文庫、二〇二一年

布施祐仁（ふせ ゆうじん）

一九七六年東京都生まれ。ジャーナリスト。二〇一二年『ルポ イチエフ 福島第一原発レベル7の現場』（岩波書店）で平和・協同ジャーナリスト基金賞および日本ジャーナリスト会議によるJCJ賞を受賞。二〇一八年、三浦英之との共著『日報隠蔽 南スーダンで自衛隊は何を見たのか』（集英社）で石橋湛山記念早稲田ジャーナリズム大賞を受賞。その他の著書に『経済的徴兵制』（集英社新書）など多数。

自《じ》衛《えい》隊《たい》海《かい》外《がい》派《は》遣《けん》 隠《かく》された「戦《せん》地《ち》」の現《げん》実《じつ》

集英社新書一一一二A

二〇二二年四月二〇日 第一刷発行

著者……布《ふ》施《せ》祐《ゆう》仁《じん》

発行者……樋口尚也

発行所……株式会社集英社

東京都千代田区一ツ橋二-五-一〇 郵便番号一〇一-八〇五〇

電話 〇三-三二三〇-六三九一（編集部）
〇三-三二三〇-六〇八〇（読者係）
〇三-三二三〇-六三九三（販売部）書店専用

装幀……原 研哉

印刷所……凸版印刷株式会社

製本所……加藤製本株式会社

定価はカバーに表示してあります。

ISBN 978-4-08-721212-9 C0231

Printed in Japan

a pilot of wisdom

a pilot of wisdom

集英社新書　好評既刊